U0094484

人人能懂的相对论

WHY DOES E=mc²?

本书没有比勾股定理更难的公式

［英］布莱恩·考克斯 著　［英］杰夫·福修 著　李德力 译
BRIAN COX　　　　　　JEFF FORSHAW

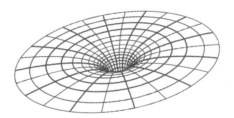

上海科学技术文献出版社
Shanghai Scientific and Technological Literature Press

果麦文化 出品

献给我们的家人

特别是

贾（Gia）、莫（Mo）、乔治（George）、戴维（David）、
芭芭拉（Barbara）、桑德拉（Sandra）、内奥米（Naomi）、
伊莎贝尔（Isabel）、西尔维娅（Sylvia）、
托马斯（Thomas）和迈克尔（Michael）

致谢

感谢管理层和代理人苏珊（Susan）、黛安娜（Diane）和乔治（George），还有编辑本（Ben）和西斯卡（Cisca）。特别感谢我们的科学同事理查德·巴蒂（Richard Battye）、弗雷德·洛宾格（Fred Loebinger）、罗宾·马歇尔（Robin Marshall）、西莫内·马尔扎尼（Simone Marzani）、伊恩·莫里森（Ian Morison）和加文·史密斯（Gavin Smith）。还要特别感谢内奥米·贝克（Naomi Baker）对早期章节的评论，以及贾·米利诺维奇（Gia Milinovich）提出的问题。

目录

前言

　　本书的目的是用最简单的语言讲述爱因斯坦的时空理论，并呈现它深奥的美。我们一路推演到爱因斯坦最著名的方程——$E=mc^2$，沿途所用公式不会比勾股定理复杂。即使你不记得勾股定理，也不用担心，我们会给予详细的讲解。我们希望读者读完本书的同时，能够领会到现代物理学家是如何思考自然、构建物理理论的。这些理论越来越有用，并最终改变了我们的生活。通过建立时空模型，爱因斯坦铺平了理解恒星发光的道路，揭示了电动机和发电机的深层工作机制，并最终奠定了现代物理学的基础。本书的另一个目的是提出质疑，并激发挑战精神。物理学本身不具争议，爱因斯坦的理论是非常完善的，它有大量的实验证据支持，我们都将逐一为您解释。然而，我们还得强调，在特定条件下，爱因斯坦时空理论必须让位于更加精确描述自然的理论。科学没有普遍的真理，有的只是对世界尚未被证伪[i]的观点。目前而言，唯一可以肯定的是，爱因斯坦的理论是可行的。换句话说，科学的挑战性在于，我们的思维必须直面周遭世界。不管

---

i　任何科学理论都有一定局限性，超出范围就必须建立新理论，原有的理论就被"证伪"了。

是不是科学家，我们每个人都有直觉，都会从日常经验出发来推断世界。然而，如果按照严肃而精准的科学方法观察自然，结果常常违背直觉。从书中你就可以读到，当物体高速运动时，空间和时间的常识观念将被打破，并被全新、惊人而优美的观念替代。这一课让人受益匪浅，又令人谦逊，它让许多科学家对自然心生敬畏：宇宙本身远比我们日常所经历的现象要丰富得多。最奇妙的就是，丰富多彩的新物理自身充满了令人惊讶的数学之美。

科学形象艰涩，但核心并不复杂。你可以用科学清扫内心的偏见，以便客观地观察世界。能否达到这个目的，另当别论，毋庸置疑的是，我们将从中学到宇宙运行的知识。真正困难的是学会如何走出常识的蒙蔽。只有远离内心的偏见，接受自然如其所是，科学方法才能创造现代技术世界。简而言之，科学必将行之有效。

本书的前半部分推导了方程式 $E=mc^2$。在这里"推导"指的是讲述爱因斯坦是如何得到该公式的，也就是讲述如何得到能量等于质量乘以光速平方。想一想，这很奇妙。我们最熟悉的能量是物体的动能；如果有人朝你扔板球，当脸被击中时，就会有疼痛感。物理学家认为疼的原因是在击中人脸时能量转移到了脸上，被转移的能量就是投掷者给板球的动能。质量是一个物体所含物质的量度。例如，板球比乒乓球重，比行星轻。质能方程告诉我们能量和质量是可以互换的，就像美元和欧元是可以互换的一样，只不过，这里的汇率是光速的平方。爱因斯坦究竟是如何得出这个结论的，光速又是如何进入质能方程的？我们将给读者提供一个科学的解释，而不仅仅是讲述一个故事。这一过程不需要任何科学背景知识，我们也会尽量避免使用数学公式。希望以此为讲述带来新意。

在书的后半部分，你将看到质能方程如何支撑我们对宇宙运行的理解。为什么星星会发光？为什么核能比煤、石油更高效？接着，"什么是质量？"这个问题将引导我们进入现代粒子物理学的世界，带我们到日内瓦欧洲核子研究中心（CERN）的大型强子对撞机旁，去寻找希格斯粒子，去解释质量的起源。本书最后还会给出爱因斯坦的另一个惊人发现，即时空结构是重力的终极原理，它支持一个奇怪观点：地球围绕太阳"直线"下落。

第一章 空间和时间

想想看，什么是"空间"？"时间"又是什么？你或许会把空间描述成，寒冷冬季，当你凝视夜空时，星星背后的黑暗区域。又或许，你会指着月亮和地面间的大块空白说，那就是空间。看！那闪闪发光、点缀着星条图案的飞船在里面航行，它载着一个叫巴兹的光头探险家驶向洪荒之地。而提到时间，你也许听到了手表的嘀嗒声，或是想到随着太阳第五十亿次向北纬倾斜中，渐渐变黄的叶子。这些都是我们对空间和时间的直观感觉，与生活密不可分。我们立足于这蓝色星球的表面，随时光的流逝穿行在宇宙之中。

19世纪末，科学在不同领域取得突破，迫使物理学家重新审视空间和时间的直观图景。等到20世纪初，基于直觉的时空观落下帷幕，它已不再扮演承载星球伟大旅程的舞台。对此，阿尔伯特·爱因斯坦的导师兼同事赫尔曼·闵可夫斯基（Hermann Minkowski）深有体会，他激动地写道："从今往后，作为空间的空间和作为时间的时间都销声匿迹了，一个时空的结合体已取而代之。"这是一则著名的讣告，古老时空观被宣判死亡。

闵可夫斯基所说的时空结合体是什么呢？想要明白这听起来近乎神秘的说法，就需要理解爱因斯坦的狭义相对论。这个理论带来了世界上最著名的一个方程：$E=mc^2$。同样也因为这个理论，符号 c（也就是光速）成为解释宇宙造化时占据中心位置的符号。

　　爱因斯坦的狭义相对论是关于空间和时间的理论。其核心是一个非常特别的速度。宇宙中任何东西，无论多么强大，无论如何加速，都无法超过它。这个特别的速度也就是光速，299792458 米／秒是它在真空中的数值。地球发出的光以这个速度飞行，8 分钟到达太阳，10 万年穿过银河系，200 万年抵达它最近的邻居仙女座。与此同时，地面上最大的望远镜正在凝视夜空，捕获着来自遥远恒星的微光。这些微光在 100 亿年前就出发了，它们从可观测到的宇宙边缘开始了旅程，出发时，比地球的诞生还要早几十亿年，那时地球还是一团星际尘埃，而现在那些恒星早已灭迹。光速很快，但这也不是绝对的。相对于恒星间遥远的路程和星系间巨大的间隙，光速可是慢得令人心急；并且，在瑞士日内瓦欧洲核子研究中心，27 千米长的大型强子对撞机可以把足够小的物体加速到光速的百分之一[i]。

　　这个特别的速度也叫作宇宙上限速度，这是一个非常古怪的概念。尽管光在爱因斯坦的宇宙中扮演着深刻的角色，它有充分的理由能以宇宙上限速度传播，但随着阅读的深入，你会发现将这个特别的速度和光速相关联，就是一个障眼法。关于爱因斯坦的宇宙我们稍后再谈。现在只需要知道当物体接近这一特殊速度时，奇怪的事情就会纷至沓来。是什么限制了物体的加速超过上限速度呢？这就好比有一个普遍的物理定律限制着汽车，使它永远不能超过 70 英里[ii] 每小时的速度行驶，无论引擎有多强大。

---

i　光速并非快不可及。

ii　1 英里约等于 1.6 千米。

这和高速公路的限速不同，不需要警察来强制执行。这是时空在建构自己时所遵循的规律，从来没被打破过。我们应该为此感到庆幸，否则就会灾难不断。若假定光速可被超越，我们便能制造时间机器，穿越历史，回到过去的某一时刻。比如，抵达我们出生前的某一刻，巧做安排，使得父母永远不能相见[i]。命运悖论是科幻小说里常见的精彩情节，可是宇宙并不是这样构建的，爱因斯坦的发现也证实了这一点。真实的时间和空间巧妙交织在一起，防止着悖论的出现。要进入爱因斯坦的宇宙，唯一让我们付出的代价便是抛弃根深蒂固的时空观念。在爱因斯坦的宇宙中，运动的时钟缓慢地嘀嗒作响，运动的物体尺寸收缩变小，人们可以穿越数十亿年进入未来；人的一生几乎可以无限期地延长，直到太阳死亡，海洋沸腾，太阳系陷入永恒的黑夜；我们可以观察到恒星从旋转的尘埃云中诞生，行星的形成，还有创世之初生命的蠢蠢欲动。总的来说，在爱因斯坦的宇宙中，遥远的未来大门敞开，过往却被牢牢地锁死。

爱因斯坦描绘的宇宙光怪陆离，他是如何"被迫"构建这样的宇宙观的呢？在本书的结尾，你会一探究竟。你还将了解到这些概念在科学实验和技术应用中是如何一遍遍地被印证的。例如，车上的卫星导航系统就证实了卫星轨道上时间的律动与地面上的不同。爱因斯坦的观点是激进的：空间和时间并不像它们看起来的样子。

我们进行得有点快。我们必须回到相对论的核心，也就是空间和时间这两个概念上来，只有对它们仔细琢磨，才能理解和欣赏爱因斯坦的重大发现。

---

i 类似于祖父悖论。

设想你正在航行中的飞机上看书，12 点钟，你放下书，离开座位，沿着过道去找前面 10 排处的朋友聊天。在 12 点 15 分，你回到座位重新拿起了书。直觉告诉你，你回到了同一个地方。因为返回时你走过了同样 10 排的距离，而书本仍然静静地躺在那里。现在，让我们深入地思考一下"同一个地方"这个概念。这可能看起来迂腐可笑，当我们这样形容一个地方时，指向岂不是显而易见的事情？打电话给朋友想碰头喝一杯时，我们可以约在酒吧里，酒吧会一直那，就在前一晚我们离开的同一个地方，一动不动地等着我们。乍一看，本章开头的许多内容都显得可笑。尽管如此，我们还是要坚持下去。这样，我们才能跟上亚里士多德、伽利略、牛顿和爱因斯坦的步伐，对这些显而易见的概念进行思索。如何准确地定义"同一个地方"呢？我们已经知道如何在地球表面做到这一点：地球仪表面画有一组网格线，即纬线和经线。地球上任何一地方都能用两个数字标示出在网格上对应的位置。例如，英国的曼彻斯特市位于北纬 53 度 30 分，西经 2 度 30 分。有了这两个数字，沿着赤道和格林尼治子午线，我们就可以轻易地找到曼彻斯特。接着，通过类比，还可以建立一个巨大的三维网格，来确定任意一点的位置。想象一下，网格可以从地球表面向上，往空中延伸；向下，穿过地心到达地球的另一边。基于这张网，空中飞禽、地面建筑和地下岩石都可被准确定位。假如网格从我们生活的世界继续向外延伸，掠过月球，经过木星、海王星和冥王星，再穿越银河系，达到宇宙最遥远的地方，它便可以包罗万物，为万物标定位置。用伍迪·艾伦的话来说，如果你是那种永远记不起东西放哪的人，这非常管用。总之，这张大网是万物运行的舞台，是装着宇宙的巨大盒子，我们不妨叫它"空间"。

让我们回到飞机上，继续探讨"同一个地方"是什么意思。在飞机上，你可以说 12 点和 12 点 15 分你在同一地方。可对于一个坐在地上看飞机的人，情况并非如此。当飞机以 600 英里每小时的速度飞过头顶，他会说在 12 点到 12 点 15 分之间你已经移动了 150 英里。也就是说，12 点和 12 点 15 分，你处在不同地方。谁是对的？谁是运动的，谁又是静止不动的？

如果你答不出来这个看似平常的问题，别担心，很多人有同样的苦恼。古希腊圣哲之一亚里士多德都完全搞错了。他会毫不含糊地说，是你——飞机上的乘客——在运动。亚里士多德认为地球是静止的，它的外面是 55 个同心的水晶球面，像俄罗斯套娃一样层层套在一起。太阳、月亮、行星和恒星附着在这些水晶球面上围绕着地球旋转。他展示了一个顺应直觉的空间，装着地球和水晶球壳的盒子或舞台。这幅宇宙图像只由地球和一组旋转球壳组成，让现代人听起来很可笑。但是稍做思考，你会得到什么宇宙图像呢？前提是你尚未被告知地球绕着太阳转，也不知道恒星是远处类似太阳的星体，其中一些甚至比太阳亮几千倍，只是相距太远，有数十亿英里。你肯定也难以想象地球是在一个巨大的宇宙中流浪的星体。现代宇宙图像是通过几千年的实验和思考形成的，来之不易，而且常常违反直觉。若非如此，像亚里士多德这样的旧时代伟人早就自己解开谜团了。因此，如果你觉得本书中的每一个概念都很难理解，那么请记住：古代最伟大的思想家也有同样的感受。

现在让我们暂时接受亚里士多德的解答，看它会得出什么结果，从而找出其中的漏洞。亚里士多德认为人们可以用以地球为中心的虚拟网格线来填充空间，借此来确定万物的位置和运动状态。如果空间是一个盒子，装满物体，地球被固定在它的中心，那么飞机上的你很明显已改变了位置，而看着你飞过的人静止地站在地球表面，在空间中一动不动。也就是说，这个假设中绝对运动是存在的，相对应的绝对空间也因此存在。如果一个物体随着时间的流逝改变了它在空间中的位置（以地球为中心的假想网格就可以把运动测出来），它就被认为处于绝对运动的状态。

问题来了，地球并不是静止的，也不是宇宙中心，它是一个围绕太阳公转的球体。地球正以 67000 英里每小时的速度相对太阳运动。从上床睡觉到早晨起床，8 个小时内，你已经走了不止 50 万英里了。你可能会说，当地球用大约 365 天时间完成绕太阳一周的轨道运动时，你的卧室就回到了空间中完全相同的地点。因此你决定把网格的中心放在太阳所在的位置，这样稍做修改就保持了亚里士多德观点的精髓。这个想法很简单，但还是错了，因为太阳在以银河系为中心的轨道上。我们身处的银河系是一个拥有超过 2000 亿个太阳的岛屿，大得超乎你的想象，转上一圈可需要不少时间。而太阳距离银河系中心 156000 万亿英里，以 48.6 万英里／小时的速度绕其运行，完成一周需要 2.26 亿年。因此不得不进一步移动网格的中心，来尝试拯救亚里士多德的观点。把网格的中心放到银河中心呢？你可以想到：上次地球经过你在床上所躺的这个位置时，一只恐龙正在清晨的阴影里吃史前的叶子。事实上，星系正在彼此飞离，距离我们越远的星系，飞离的速度越快。所以把银河系作为中心的空间也难以描述。总之，在包含无数星系的宇宙中，想要精准地锚定我们的运动状态确实非常困难。

物体“静止不动”的这种状态无法被准确定义，这正是亚里士多德体系的问题。也就是说无法给他的网格系统找到一个中心，以此为原点确定物体的位置和它们的运动状态。亚里士多德本人却从未受到这个问题的困扰。因为在之后的 2000 年中，他所倡导的地心说[i]也从未受到过严重的挑战。或许早该有人提出疑问，但正如我们前面所说的，即使对于最伟大的思想家，看透本质也绝非易事。公元 2 世纪，在埃及亚历山大图书馆工作的克劳迪斯·托勒密斯（Claudius Ptolemaeus），也称托勒密（Ptolemy），他是一个细心的夜空观察者，五颗在空中运动相当奇怪的星星让他感到忧心忡忡，这五颗星星又叫"游荡的星"，而"行星"一词就起源于此。通过数月的观察，他发现行星并不沿一条平滑路径穿行于星空，反而会迂回前行。这种奇怪的运动被称为"行星逆行"，事实上，这早已为人所知，比托勒密早了几千年的古埃及人将火星描述为"向后移动的行星"。托勒密深信亚里士多德的地心说。但是为了解释行星逆行，他不得不将行星安置到不以地球为中心而旋转的更小轮轴上，再把这些轮轴安置在绕地球旋转的球壳上。这个模型能够解释行星在夜空中的运动，却相当复杂，更谈不上优美。直到 16 世纪中叶，尼古拉斯·哥白尼（Nicholas Copernicus）才提出了更为正确而美妙的解释，即地球并非静止在宇宙中心，而是与其他行星一起绕太阳运行。哥白尼的作品饱受批评，直到 1835 年才从天主教会的禁书名单中移除。通过第谷·布拉赫（Tycho Brahe）的精确测量和约翰内斯·开普勒（Johannes Kepler）、伽利略（Galileo）和牛顿（Newton）的大量工作，才终于证明了哥白尼的理论是正确的。这些工作还促进建立了以牛顿力学定律和万有引力为基础的行星运动理论。在1915 年爱因斯坦的广义相对论问世之前，这些规律很好地解释了从炮弹到行星，再到旋转星系在内的所有重力作用下的物体运动。

---

i　多个球体环绕静止的地球进行旋转。

人们对地球和行星的位置以及它们在天空中运动状态的观点不断改变，这为所有对自己的认知深信不疑的人上了一课。乍一看，许多事情似乎不言而喻，例如，当我们不动时，就认为自己是静止的。而未来某天的观察总能让我们大吃一惊。或许不应该太惊讶大自然有时会违反我们的直觉，毕竟我们只是类人猿后代中比较善于观察的一支，拖着碳水构成的血肉之躯漫游在一个岩石堆积的行星表面。而这颗行星所围绕着的一个恒星又是银河系边缘最普通的一颗中年恒星。事实上，本书中所给出的时空理论也仅仅是为更加深奥的理论提供近似的初步探讨。科学是一门拥抱不确定性的学科，认识到这一点是取得科学成功的关键。

　　在哥白尼提出日心说宇宙模型后的第二十年，伽利略·伽利雷（Galileo Galilei）出生了。他对运动的定义进行了深刻的思考。尽管他的直觉很有可能和我们一样：地球在脚下静止不动。然而，行星在天空中运动的有力证据表明事实并非如此。伽利略伟大的洞察力让他从这个看似矛盾的现象中得出一个深远的结论。感觉上，我们是静止不动的，内心却知道我们在绕太阳运动。不可能有办法提出一个准则决定什么是静止的，什么是运动的。也就是说，只有相对于其他物体时，谈论运动才有意义。这是一个非常重要的想法，又似乎是明摆着的事情，但要充分理解它的内涵需要做些思考。很明显，当你在飞机机舱里读书时，书就在你手里，你把它放在桌子上，书就会和你保持固定的距离，书相对于你并没运动。对于地面上某个人，这本书却是随着飞机在空中运动的。伽利略真知灼见的真正意义在于，这是唯一可以成立的解释。当你描述书本是如何运动时，只能描述为它是如何相对于你运动的，是如何相对于大地、太阳、银河系运动的，总是需要相对于其他某个物体运动的，那么绝对运动便是一个多余的概念。

这听起来像算命先生的禅语。然而，结果表明这是伟大的洞见，伽利略绝非徒有虚名。为说明伽利略工作的重要意义，我们首先建立一套能判断物体是否处于绝对运动状态的亚里士多德网格系统，进一步看它是不是一套有效的科学理论。有效的科学理论可以预测可观察的结果，能够通过实验测量得到验证。在这里，"实验"指的是对事物的测量，如，测量钟摆的摆动，测量燃烧的蜡烛火焰发出的光的颜色，或者测量欧洲核子研究中心大型强子对撞机中的亚原子粒子的碰撞（我们稍后再讨论这个实验）。如果从一个科学观点不能得出可观察的结果，那么无论它多么迷人，都不是理解宇宙运作的必要理论。

在一个充斥着各种各样想法和观点的世界里，这种方法行之有效，它可以把正确的观点选出来，就像把小麦从麦壳里拣出来一样。哲学家伯特兰·罗素（Bertrand Russell）曾用中国茶壶打比方来说明，坚持那些没有可观测效果的概念是徒劳的。罗素声称，他相信在地球和火星之间有一个中国茶壶在运行，它太小了，无法被现有最强大的望远镜发现。如果人们建造了一个更大的望远镜，并对整个天空进行了长时间的仔细观察，仍没有发现茶壶存在的证据，罗素会说茶壶比预想的要小一些，但仍然存在。这是我们通常所说的"移动的球门门柱（moving the goalposts）"[i]。但罗素接着说道："尽管茶壶可能永远不会被观察到，对于怀疑它存在的人来说，'存在一个茶壶'仍然是一个'无法容忍的假设'。"事实上，无论多么荒谬，其他人应该尊重罗素的立场。罗素并不是主张他有权独自妄想，而是说，一个无法通过观察来证

---

i   "moving the goalposts"，表达此行为有失公允。

明或反驳的理论是毫无意义的，因为无论你对它多么的深信不疑，它却什么也教不了你。为了理解宇宙，你可以发明任何自己喜欢的理论，但如果这些理论无法被观测或者导致可以被观测的结果，那么它们就是非科学的。依据这样的逻辑，如果能够设计出一个实验来验证绝对运动的观念，那么绝对运动的概念将具有科学意义。例如，我们可以在一架飞机上建立物理实验室，通过对所能想到的物理现象进行高精度的测量，进而再一次挑战有关运动的问题。架设一个钟摆，测量它摆动的时间，利用电池、发电机和电动机进行电学实验，或者观察核反应并对核辐射进行测量。如果空间足够大，我们可以在飞机上进行人类历史上所有的实验。本书的一个核心观点是如果飞机没有加速或减速，无论在上面做任何实验，结果都不能告知我们的运动状态。即使往窗外看也没有用，因为可以这样说，我们站在窗前静止不动，而地面却从身边以 600 英里每小时的速度飞过。能得到的结论是"相对于飞机我们是静止的"，或者"相对于地面我们是运动的"。绝对运动并不存在，因为它不能被实验测量。这就是伽利略的相对性原理，现代物理学基石之一。对我们来说，这事并不为奇，因为我们已有了相对运动的直观经验，例如，如果你坐在静止的火车上，旁边站台的火车缓缓驶出车站，也许一瞬间，你会感觉到好像自己在移动。我们很难检测到绝对运动，因为它并不存在。

这种相当哲学的思考得出了一个有关空间性质的深刻结论，我们向爱因斯坦相对论迈出了第一步。从伽利略的论证可以得出关于空间的什么结论呢？这个结论是：如果不能检测到绝对运动，那么用来定义"静止"的特殊网格就没有价值，因此，绝对空间也没有意义。

让我们更进一步研究这一重要认识。我们已经确定，如果可以定义一个覆盖整个宇宙的亚里士多德特殊网格，那么相对于该网格的运动即是绝对运动。我们认识到，特殊网格的想法应该被抛弃，因为不可能设计出一个实验能来确定我们是否在运动，也无法确定网格应该被固定在什么位置。如果没有亚里士多德的特殊网格，那么我们应该如何定义一个物体的绝对位置？我们在宇宙中的什么地方？这些问题就毫无科学意义。唯一能确定的是物体的相对位置。也就是说，无法在空间中确定物体的绝对位置，促使我们认定绝对空间没有意义。把宇宙想象成一个包含运动物体的巨大盒子，是无法被实验所证实的。以上分析非常重要，值得一再强调。伟大的物理学家理查德·费曼（Richard Feynman）曾经说过，无论你的理论多么美丽，你多么聪明，还有你是谁，只要它们与实验不符，那就是错误的。这是科学的关键。反过来说，如果一个概念不能通过实验来检验，那么它的对错就无从判断，也没有意义。当然，我们仍然可以假设这个不可测试的想法是正确的。这样做带有偏见，具有阻碍未来进步的风险。所以，既然没有办法来确定亚里士多德网格，我们不如从绝对空间和绝对运动中解放出来。那又会怎样？接下来我们会在第二章中发现，从绝对空间的重担中解放出来对下一个世界的爱因斯坦发展他的空间和时间理论起到了至关重要的作用。现在，我们已经从绝对空间中获得自由，但我们还没行动起来。为了激起读者的兴趣，这里提前透露一下，如果没有绝对空间，两个观察者就没有依据就一个物体的大小达成一致。如果我说随着绝对空间的消失，"一个球的直径是 4 厘米"这么板上钉钉的事情，也变得不确定了，你一定会惊掉下巴。

至此，我们已经详细讨论了空间和运动的联系。那么，时间呢？事实上，时间已经进入我们的思维。用来描述运动的速度可以用英里每小时来衡量，或者用在特定的时间间隔内运动的距离来定义。那么有什么关于时间的说法吗？我们是否可以做实验来证明时间是绝对的，或者是否应该抛弃时间这个更加根深蒂固的概念？伽利略摒弃了绝对空间的概念，但他的理论根本没有触及绝对时间的观念。他仍认为时间是绝对的，绝对时间是指完美的时钟可以在宇宙的任意角落嘀嗒嘀嗒地同步运作。飞机上的时钟、地面上的时钟、太阳表面上的时钟（需要足够坚固），还有一遥远星系的轨道上的时钟，若能正常计时，它们将永远显示相同的时间。令人惊讶的是，这个看似显而易见的假设与伽利略所说的——没有任何实验可以告诉我们是否处于绝对运动状态的说法，是直接矛盾的。更难以置信的是最终摧毁绝对时间的证据，竟然来自中学物理课上，与电池、电线、电机和发电机有关的实验。为了摒弃绝对时间这一概念，我们必须要进入 19 世纪——发现电和磁的黄金时代。

第二章　光速

　　1791 年，迈克尔·法拉第（Michael Faraday）出生于伦敦南部，他的父亲是个铁匠，来自约克郡。他 14 岁便离开学校成为一名装订工学徒，因此，他全靠自学成才。1811 年，来自康沃尔的科学家汉弗莱·戴维爵士（Sir Humphry Davy）在伦敦做了一次演讲，法拉第把讲座笔记寄给了戴维，戴维对法拉第的勤奋印象深刻，于是任命他为科学助理，法拉第因此获得了进入科学领域的机会。后来法拉第成为 19 世纪的科学巨人，并被公认为有史以来最伟大的实验物理学家。据说，戴维曾宣称法拉第是他最伟大的科学发现。

　　21 世纪的科学家时常用羡慕的眼光回顾 19 世纪初的科学。那时，法拉第不需要与欧洲核子研究中心的其他 1 万名科学家和工程师合作，也不需要将一台双层巴士大小的太空望远镜发射到地球高轨道，就可以获得重大的发现。帮助他直接瓦解绝对时间的"欧洲核子研究中心"，小到可以被安放在长凳上。几个世纪以来，那些不需要先进仪器测量的自然科学领域已经被细致地研究过了，这使得科学规模发生了彻底的变化。今日，尽管仍有重要的科学发现由简易的实验装置做出，然而前沿研究的突破则更多地依赖复杂的仪器设备。在维多利亚时代早期，法拉第打破时间假象所使用的无非是线圈、磁铁和指南针，这些仪器可就地取材，也不昂贵。像其他科学家一样，一旦认定自己喜欢做的事情，他便开展工作，收集实验证据。实验室内，煤气灯昏暗，把线圈斑驳的影子投到漆黑的长凳上，他在一堆装置中仔细观察着，四处忙碌着。那时，托马斯·爱迪生还没改良电灯泡，还没有实用的电灯，让观众眼花缭乱的电灯演示，戴维本人也仅仅在1802年皇家研究所做过。在19世纪早期，电学还是物理和工程的前沿科技。

法拉第发现，当移动磁铁穿过闭合电线圈时，线圈内会产生电流。他还观察到当电线通有电流时，电线附近的罗盘指针会发生偏转。由于指南针是一种由磁铁做的探测设备，通常情况下，它沿着地磁场方向指向北极。因此，电流会产生类似地磁场的场，当导线通有电流时，周围磁场变强，使罗盘指针瞬间发生偏转。法拉第认识到电和磁虽然表面上完全不相关，但是实际上有某种深层次的联系。这种联系并不明显。打开客厅墙上的开关，灯泡中有电流流过，这与把磁性冰箱贴粘在冰箱上的力有什么联系呢？但通过对大自然的仔细观察，法拉第最终发现电流产生磁，移动的磁铁产生电流。现在我们把这两个简单的现象称为电磁感应，它是发电机和电动机的物理基础。从冰箱原理到DVD播放机光碟"弹出"的原理，生活中我们到处应用到了它。法拉第对工业世界的发展做出了无法估量的贡献。

然而，基础物理学的进步很少全部由实验取得。为了解实验结果背后的机制，法拉第问道，既然磁铁没有接触导线，导线中怎么会产生电流？一股电流又怎么能使指南针指针发生偏转？有某种作用因素必然在磁铁、导线和指南针之间的空隙中传递，这使得线圈感到通过的磁铁，指针感受到流经的电流。这种因素现在被称为电磁场。我们提到地磁场时用到了"场"这个词，它在日常用语中容易被忽略。然而，作为一个抽象的物理学概念，场在深入理解物理世界时起着不可替代的作用。同时，场方程是描写多达几十亿个亚原子粒子行为的最有效方程。这些亚原子粒子[i]组成了我们的手，手中的书和看书的眼睛等。法拉第用一组线来形象地表示场，这些线由磁铁和通电导线发出，他称之为磁力线。把铁屑撒到纸上，纸下面放上磁铁，就能看到这些线条。若要举个例子来说明一个物理场，那么每天房间里的温度分布就再好不过了。靠近暖气片的地方，会很热，靠近窗户的地方要冷一些。对房间里每一个地方的温度进行测量，并把大量的测量数据填到一个表格里，就有了一个温度场的表示。同样对于磁场，可以根据磁针的偏转确定房间里的磁场分布。相比温度场，亚原子粒子场更加抽象，它在空间某一点的值表示在该点发现它的概率。我们将在第七章回到这些问题。

为什么要煞费苦心地引入如此抽象的概念呢？使用电流的强弱和指针偏转这些可直接测量的物理量不是更好？与工业革命中许多伟大的实验科学家和工程师一样，法拉第是个非常务实的人，场的想法对他来说具有巨大的吸引力。他的初衷是构想一幅把磁铁和线圈连接起来的机械图像，磁场恰恰是这样的物理连接体，起着桥梁的作用，因此，他深信场的存在。还有一个更深层次的原因让现代物理学家认为磁场就像电流和罗盘偏转一样真实，证明了场的不可或缺。苏格兰物理学家詹姆斯·克拉克·麦克斯韦（James Clerk Maxwell）的工作是加深对这一问题理解的关键。1931 年，在麦克斯韦诞生一百周年之际，爱因斯坦将

---

i　亚原子粒子是指比原子尺寸还小的粒子，如电子、光子、质子、中子等。

麦克斯韦的电磁学理论描述为"自牛顿时代以来物理学所经历的最深刻和最富有成果的工作"。1864 年，法拉第去世前三年，麦克斯韦成功地写出了一组方程式，描述了法拉第和其他许多人在 19 世纪上半叶仔细观察和记录的所有电磁现象。

在探索自然界的过程中，方程是物理学家最有力的工具。大多数人在求学阶段常常觉得方程很可怕，所以我们有必要停一停，多谈几句，以便打消部分读者的忧虑。当然，并不是所有人都会对数学有这样的感觉，那些自信满满的读者，希望他们多些耐心，不要觉得没有必要。简单来说，方程可以预测实验结果，从而避免亲自去做实验。举一个最简单的例子，就是与直角三角形边长有关的勾股定理。后面，我们会使用勾股定理证明时间和空间的许多难以置信的性质。勾股定理是指"斜边的平方等于另外两边的平方和"。它的数学表达式为 $x^2+y^2=z^2$，其中，z 是直角三角形的最长的边——斜边——的长度，x 和 y 是其他两边的长度。如图 1 所示，符号 x、y 和 z 用来代替各边的实际长度，x^2 是 x 乘以 x 的数学表达式，例如，$3^2=9$、$7^2=49$ 等。我们没必要一定要使用 x、y 和 z，可以使用我们喜欢的符号，如把勾股定理写成 $☾^2 + ✈^2 = ☺^2$，其中，用笑脸来表示斜边的长度。接下来，我们给一个勾股定理的应用实例。如果直角三角形两条短边分别长 3 厘米和 4 厘米，那么根据该定理和 $3^2+4^2=5^2$，三角形斜边的长度为 5 厘米。当然，当长度不是整数时，定理同样成立。我们还可以设计一个实验，用尺子测出三角形斜边的长度，这会有点枯燥。相比毕达哥拉斯[i]写下的方程式，省去了实验的麻烦，我们只需通过简单计算就可以得到三角形第三条边的长度。对于

---

i　人们通常认为毕达哥拉斯是第一个严格证明勾股定理的人。

物理学家来说，更重要的是方程还表达了"事物"之间的关系，实现了对现实世界的精确描述。

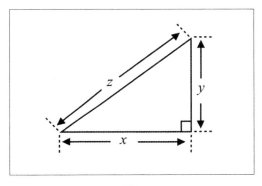

图 1

　　麦克斯韦方程组具有相当复杂的数学形式，但本质上发挥了同样的作用。例如，如果你不需要看指南针，而只需根据这组方程就可以知道通电电线附近指南针指针的偏转方向。更神奇的是，它们还揭示了物理量之间的深层联系，这些联系一般从实验结果中是看不出来的，这加深了人们对自然的理解。法拉第描述的电场和磁场是麦克斯韦数学方程组表达的核心。麦克斯韦不得不用场的语言写下他的方程式，因为这是将法拉第及其同事观察到的所有电磁学现象整合到一个统一方程组的唯一方法。与勾股定理描写三角形边长之间的关系一样，麦克斯韦方程给出了电荷、电流以及它们产生的电场和磁场之间的关系。让场走向舞台并占据舞台的中心，是麦克斯韦的天才创举。比如，如果你问麦克斯韦为什么电池会使电流在电线中流动，他会回答道："因为电池会在电线中产生电场，而电场驱动着电流流动。"或者，如果你问他为什么指南针在磁铁附近偏转，他会回答道："因为磁铁周围有磁场，是磁场导致了指南针偏转。"如果你问他为什么移动的磁铁会导致电流在线圈内流动，他会回答说："线圈内有一个由不断变化的磁场产生的电场，是这个电场使电流流动的。"每一种截然不同的现象的解释都可以追溯到电场和磁场，或者磁场之间的相互作用。物理学中经常引入新的统一概念，给许多不同的、表面上不相关的现象一个更简单和更令人满意的解释。这是科学成功的密码。麦克斯韦给了所有电磁现象一个简单、统一的图像。也就是说，它使得法拉第及其同事的所有开创性的实验都能够被预测和理解。单这一点就是一项了不起的成就。但麦克斯韦在构造方程的过程中，发生了更了不起的事情。它在方程中加入了一个没有实验强制要求的额外部分，因为在他看来，完全有必要使他的方程在数学上保持一致。这句话是对现代科学方法的一个最深刻、最神秘的见解。经验表明，物体的运动可由基本的数学定律预测，这些定律不比毕达哥拉斯计算三角形性质时所用的多多少。1960 年，诺贝尔奖得主、理论物理学家尤金·维格纳（Eugene Wigner）写了一篇题为《数学在自然科学中的不合理有效性》（*The Unreasonable Effectiveness of Mathematics in the Natural Sciences*）的著名文章。他在文章中写道："自然规律的存在完全是不自然的，对它们，人所能够发现的要少得多。"经验告诉我们，自然界拥有规律，事物按照规律运行，数学是表述这些规律的最精妙语言。这允许我们利用数学的一致性并结合实验结果去书写物理规律。在科学史上，这样的例子屡见不鲜，在本书的故事中，类似的情况也时有发生。确实如此，这为宇宙增加了更多的奥妙。

让我们从对数学方程的分析中出来，回到故事中来。为了寻求数学的一致性，麦克斯韦在描述罗盘指针偏转的方程式中加入了额外的一项，他称之为位移电流。对于法拉第的观察，位移电流是没有必要的，也就是说无论方程有没有位移电流，实验数据都可以被预测。然而，通过简单增加这一项，麦克斯韦优美的方程式所给出的远不止起初电动机的工作原理，这是超出他的预期的。有了位移电流，电场和磁场之间就产生了深刻的联系。具体来说，新的方程可以通过变换，给出一个波动方程，这种方程描述波的运动，如，声音在空气中传播，海浪向海岸靠近等。麦克斯韦对法拉第实验（有关电线和磁铁的实验）的数学描述预言了某种波的存在，这是出人意料的结果。但是，与海浪是在水中传播的扰动和声波是空气分子的运动不同，麦克斯韦的波包含振荡的电场和磁场。

这些神秘的振动场是什么呢？随着法拉第在导线中产生电流，就会有一个慢慢增强的电场产生，同时，导线周围也会产生磁场（法拉第观察到导线附近罗盘指针发生偏转）。按照麦克斯韦的说法是变化的电场产生变化的磁场。法拉第还告诉我们，推动磁铁穿过线圈，线圈周围磁场发生变化，就会伴有电场产生，同时在导线中产生电流。按照麦克斯韦的说法是变化的磁场产生变化的电场。现在，假如移除电流和磁铁，那就只剩下场本身了，这时一个变化的场产生另一个，彼此起伏，相互交替。麦克斯韦的波动方程描述了这两个场是如何振动着联系在一起的。它们还预测到这些波必须以特定的速度传播，这一速度由法拉第测量的物理常数确定。声波的波速大约是 330 米每秒，比客机只快一点点。声波在空气中传播，声速是由空气分子之间相互作用决定的。它随着大气压力和温度的变化而变化，压力和温度分别反映了空气分子之间的间距和碰撞速度。麦克斯韦还预言了电磁波的波速，它等于电场和磁场的比值。这个物理量很容易测量。比如，磁场强度可由两个磁铁间的相互作用力来确定。本书中会经常出现"力"这个词，它是指推拉物体时推拉的强度，可以被测量和量化。理解世界如何运作，显然也要理解力的产生机制。此外，当两个物体充电后，电场强度也可以通过测量这两个带电物体间的力来简单确定。你可能不经意间就遭遇了一个"充电"过程。比如，一个干燥的日子里，当走过尼龙地毯后，手抓金属门把手，去开门时，你会被电一下。电子经过摩擦从地毯传导鞋底，然后制造了这场令人不快的开门事件。和法拉第实验中的现象一样，你一旦带电，就与门把手之间产生了电场，它在你手抓门把手时，产生电流，击中你。

通过以上简单的实验，科学家测量了电场和磁场的强度。然后依据麦克斯韦方程组，通过强度的比值给出波的速度。那么，法拉第的实验测量和麦克斯韦天才般的数学演绎给出的电磁波波速是多少呢？我们来到了故事的第一个关键节点，这个关键点展示了为什么物理学是一门美丽、强大又深刻的学科。麦克斯韦的波以 299792458 米每秒的速度传播。令人意想不到的是：这就是光速。麦克斯韦偶然发现了光的本质[i]。电磁场以一个可测量的速度（使用一个线圈的电线和磁铁）穿越黑暗，进入眼睛，让你看到了周围的世界。麦克斯韦方程组打开了大门让光进入我们的故事，它的重要性丝毫不亚于爱因斯坦的发现。我们将在下一章讲到，299792458 米每秒，这一特殊的恒定速度曾促使爱因斯坦抛弃绝对时间的观念。

细心的读者会感到疑惑，或者认为得出以上的结论略显仓促。根据第一章的内容，没有参照物的速度显然是没有意义的。麦克斯韦方程组没有涉及任何参照物。在麦克斯韦的方程组中，

---

i　光的本质就是电磁波。

光速是电场和磁场强度的关系，是一个常数。这一优美的方程组没有包含波源或接收器的速度。虽然麦克斯韦和他的同时代人认识到这一点，但他们并不为此担忧。因为，当时大多数科学家（并非全部）相信，包括光波在内的所有波都必须在某种介质中传播。因此，对光波来说，一定有某种"真实存在的东西"起到介质的作用。因此，他们是法拉第式的实用主义者，对他们来说，波动需要物质的支撑才能发生。例如，水波只能在有水的情况下存在，声波只能在空气或其他物质中传播，但肯定不能在真空中传播。"在太空中，没有人能听到你的尖叫。"

19 世纪末，主流的观点认为光通过一种被称为以太的介质传播。光速是相对于以太的速度，这非常自然地解释了麦克斯韦方程组中出现的速度。类似于声波在空气中传播，若空气恒温恒压，那么声音的速度恒定，它由空气分子相互作用决定，与波源无关。

然而，以太稀奇古怪。光从太阳发出，在空间中穿行，到达地球，抵达遥远的恒星，甚至跨越星系，以太渗透于整个空间之中。大街上，你穿行于以太之中，地球围绕太阳运动，穿越以太年复一年。物体穿过以太运动，还不受阻力。甚至，像恒星这样大的物体也是这样。假如以太对物体运动产生了阻力，地球就会像滚珠轴承掉进蜜中一样，在公转轨道上不断减速，以至于50 亿年来，每年的长短将不断改变。所以，唯一合理的假定是地球甚至所有物体都能畅通无阻地通过以太。这也使得以太几乎不可能被发现。但维多利亚时代的实验物理学家具有非凡的创造力，从 1881 年开始，阿尔伯特·迈克尔逊（Albert Michelson）和爱德华·莫利（Edward Morley）做了一系列奇妙的高精度实验，并着手探测难以探测的以太。这些实验的构思并不复杂。

1925 年，罗素写过一本相对论的书，他把地球在以太中的运动比作人在风中行走，有时逆风，有时顺风。对地球来说，它和太阳一起围绕银河系中心在以太中运动，同时又围绕太阳公转。类似人在风中行走，地球在一年的某个时候一定会逆着以太风运动，而在另外某个时候，它会顺着以太风运动。即便假定太阳系相对于以太静止，地球也会因绕太阳运动而产生以太风，这就像在一个风平浪静的日子，你把头伸出车窗外，也会感到清风拂面。迈克尔逊和莫利给自己定了挑战的目标，即在一年内的不同季节对光速进行测量。和所有人一样，他们坚信由于地球相对于以太运动，不同时段测量的速度一定有变化，虽然变化幅度很小。迈克尔逊和莫利花了 6 年时间完善了一种干涉测量技术，这是一种极其灵敏的测量技术。1887 年他们发表了研究结果，结果显示在一年中的任何时候，在任何方向上都没有观察到光速的差别。结果与预期不符。

如果以太学说是正确的，迈克尔逊和莫利的测量结果就很难解释。例如，若你在河水中以 5 千米每小时的速度向下游游去，而河水以 3 千米每小时的速度流动，那么相对于河岸你游动的速度是 8 千米每小时。相反，你若掉过头来，向上游游去，那么相对于河岸你游动的速度是 2 千米每小时。在迈克尔逊和莫利的实验中，情形与此相似，只不过游泳者是光，河流是以太，而河岸是静止在地球表面上的迈克尔逊和莫利的实验装置。这样，我们就可以明白为什么迈克尔逊—莫利的实验结果会令人惊讶了。就好像无论你是向河流的上游游动，还是向下游游去，你相对河岸的速度总是 5 千米每小时，无论水流多么湍急。

迈克尔逊和莫利没能检测到以太。也许我们应该大胆地抛弃以太的概念，这是对直觉的又一个挑战。原因和我们在第一章抛弃绝对空间的概念一样，即以太没有可以观察的效果。此外，以太是一个相当笨拙的哲学概念，它给宇宙一个基准来定义绝对运动，这与伽利略的相对运动原理冲突。1905年，爱因斯坦提出狭义相对论，迈出抛弃以太的勇敢的一步。从历史看，他似乎只是模糊地意识到迈克尔逊和莫利的实验结果，因此，放弃以太仅仅是爱因斯坦的个人观点。

但精妙的哲学并不能指导自然的运作，归根结底，拒绝以太的最好理由是它解释不了实验结果[i]。

虽然拒绝以太既和谐美丽，又有实验数据支持，但会引起一个严重的问题，即麦克斯韦方程组非常准确地预测了光速，却不能给出光速测量的方法。让我们基于这组方程，运用智力，看看能得到什么结论。如果得到无稽之谈的结论，那么返回尝试另一种假设，以此做一些令人满意的科学研究。麦克斯韦方程组预测，光总是以299792458米每秒的速度运动，却没有考虑到光源的速度或接收器的速度。这些方程式表明，无论光源和接收器相对于彼此移动的速度有多快，光速的测量值总是相同的。麦克斯韦方程告诉我们光速是自然界的常数。这是一个令人奇怪的断言，我们需要多花点时间来探讨它的含义。

打开手电筒，发出的一束光，常识告诉我们如果跑得足够快，我们可以追上光束，到它前面去。而如果我们以光速奔跑，光束将缓慢前进，触手可及。但根据麦克斯韦方程组，无论我们跑得多快，光束仍然以299792458米每秒的速度从我们身边飞去。因此，若追光人看到的光速，与手电筒发出的光速不同，便

---

[i]　自从迈克尔逊和莫利以来，很多人试图继续检测以太，但都没有结果。（原书注，本书若无此注明，皆为译注）

与迈克尔逊和莫利的实验结果以及和麦克斯韦方程组的推论相矛盾。光速是自然界的常数，是恒定的数值，与其源头或观察者的运动状态无关。依据常识，我们应该拒绝、修改或者重新解释麦克斯韦方程组，把它们看成更好理论的一个近似。这不是一个很好的选择，因为真实的实验测量与麦克斯韦方程中出现的 3 亿米每秒的数值偏差很小。这个偏差小到不可能在法拉第的实验中被发现。另一种选择是接受麦克斯韦方程组的有效性和我们永远追不上光束的奇异命题。这个想法不仅违背常识，还促使我们抛弃绝对时间的观念，我们将在下一章中给予揭示。

　　无论对 19 世纪的科学家还是今天的我们，打破对绝对时间的依恋都是很难的一件事情。我们有一个由强烈的直觉支撑着绝对空间和绝对时间。这是它们很难被推翻的原因，但我们应该清楚直觉毕竟是直觉。牛顿的物理学规律完全接受了这些概念，这些规律仍然是今天许多工程师工作的基础。在 19 世纪，牛顿的物理学规律不可撼动。法拉第在皇家研究所揭示电和磁的工作原理的时候，伊桑巴德·金德姆·布鲁内尔（Isambard Kingdom Brunel）[i] 正主持修建从伦敦到布里斯托尔[ii] 的大西部铁路[iii]。布鲁内尔的杰作克利夫顿吊桥[iv] 于 1864 年完工，同年麦克斯韦完成了他对法拉第工作的总结，并揭开了光的奥秘。8 年后，布鲁克林大

---

i　伊桑巴德·金德姆·布鲁内尔是一名英国工程师，皇家学会会员。主持修建了大西部铁路、系列蒸汽轮船和众多的重要桥梁。

ii　英国英格兰西南部的一个城市，距离伦敦 120 英里。

iii　大西部铁路也称作英国大西部铁路线，连接伦敦与英格兰西南部、西南部英国和威尔士，是英国铁路建设史上的著名工程。

iv　克利夫顿吊桥跨越英国的克利夫顿埃文峡谷（Avon Gorge），是世界上最早的大跨径悬索桥之一。

桥ⁱ通车。1889 年，埃菲尔铁塔ⁱⁱ在巴黎高高矗立。蒸汽时代所有伟大的成就都是用牛顿的概念设计和建造的。牛顿力学远不止是抽象的数学。标志着它成功的事物正在全球范围内拔地而起，不断扩大，庆祝人们掌握了自然法则。因此，不难想象，当面对麦克斯韦方程组及其对牛顿世界观基础的潜在攻击时，19 世纪末那些深信绝对时间的科学家心中的那种震惊。20 世纪破晓，光速恒定被认为是物理学上空的一朵乌云，它仍在警示人们：麦克斯韦和牛顿不可能都是对的。直到 1905 年，阿尔伯特·爱因斯坦（Albert Einstein）才最终证明大自然站在麦克斯韦一边，当时他还是一位毫无名气的物理学家。

---

i   布鲁克林大桥横跨美国纽约州纽约东河，连接着纽约的布鲁克林区和曼哈顿岛，1883 年 5 月 24 日正式交付使用。

ii   埃菲尔铁塔矗立在塞纳河南岸法国巴黎的马尔斯广场，于 1889 年建成，是当时世界上最高的建筑物。

第三章 狭义相对论

第一章中，我们成功说明了亚里士多德的直观时空观是一个沉重的负担。也就是说空间不是一个固定、不变或绝对的结构，它仅给事物提供一个发生的场所。我们读到了，伽利略已经领会到，持有绝对空间的观念是没有意义的，但他仍坚持绝对时间的观念。上一章中，我们进入了 19 世纪，接触了法拉第和麦克斯韦的物理学，了解到光是一种电磁场，这是优美的麦克斯韦方程组揭示的。这些都会导致什么结果呢？如果抛弃绝对空间的观念，那么用什么来替代它？绝对时间的观念崩溃又是什么意思呢？我们在本章中给出解答。

毫无疑问，爱因斯坦是现代科学的标志人物。他蓬乱的白发和不穿袜子的样子几乎成了一个"教授"的标准形象。因此出现在孩子画作中的科学家形象经常是一个白发老人。然而，本书中的思想是由一个年轻人提出的。20 世纪之交，在思考空间和时间本质时，爱因斯坦才不过 20 岁出头，他成立了家庭，有一个年轻的妻子。那时，他没在大学或研究机构任职，却经常与几个朋友聚在一起讨论物理问题，时常到深夜。爱因斯坦显得有点远离主流学术团体，现代人倾向于将他视为一个大获全胜的独行侠，这导致一个不幸的后果：这给某些疯子提供了榜样，他们认为自己单枪匹马发现了一种新的宇宙理论，却不明白为什么没有人听他们的。事实上，尽管爱因斯坦的学术生涯开始得并不轻松，但他却与科学界有着非常密切的联系。

令人奇怪的是，他坚持探索那个时代重要的科学问题，却没有取得大学的学术职位。21岁时，他从瑞士联邦理工学院（ETH）毕业，取得了科学和数学专业教师的资格，随后担任了一系列临时教职，为撰写博士论文争取了时间。1901年，在瑞士北部沙夫豪森的一所私立学校任教时，他向苏里奇大学提交了博士论文，却遭到拒绝。那次挫败之后，他搬到了伯尔尼，在瑞士专利局开始了三等技术专家的职业生涯。这时他拥有相对稳定的收入和自由，这成就了他一生中成果最多的几年，历史上任何一个科学家在同样短暂的时间内都无法企及。

这本书主要讲述1905年——"奇迹年"——中，爱因斯坦完成的工作。这一年，他首次写下了$E=mc^2$，并因此获得了博士学位，他完成了一篇关于光电效应的论文，后来他因此获得了诺贝尔奖[i]。1906年，爱因斯坦还在专利局工作，他因彻底改变我们对宇宙的看法而被提升为二等技术专家。1908年，他终于在伯尔尼获得了一个"合适的"学术职位。这让人忍不住去想，如果那些年，爱因斯坦没有把物理学当作业余爱好，他会取得什么成就？他总是满怀深情地回首伯尔尼的往事。在《上帝难以捉摸》（*Subtle Is the Lord*）中，爱因斯坦的传记作者兼朋友亚伯拉罕·帕伊斯（Abraham Pais）对爱因斯坦在专利局的日子做出了形容，他写到那是"他最接近人间天堂的日子"，因为他有

---

i 因在数学物理方面的成就，尤其是发现了光电效应的规律，爱因斯坦获得了1921年度的诺贝尔物理学奖。

时间思考物理学。

在通往 $E=mc^2$ 的道路上，爱因斯坦的灵感来自麦克斯韦方程组。它的数学美给他留下了深刻的印象，促使他去认真对待光速不变的结论。光速不变具有科学基础，不具有太大争议，因为麦克斯韦方程组是以法拉第的实验作为基础的。是什么让我们挑起了纷争呢？阻碍我们前进的只是一种偏见，这种偏见使我们无法接受这样的事实，即无论我们以多快的速度追赶，所追物体的速度都保持不变。若你以 40 英里每小时的速度行驶，此时，一辆汽车以 50 英里每小时的速度从身旁经过，很明显，你会看到这辆车以 10 英里每小时的速度开走。如果我们接受爱因斯坦的观点，认为身边的光速不随我们行走的速度而改变，那么前面原本"显而易见"的结论将是一种偏见。我们必须承认常识的误导性，抵制这种偏见，跟随爱因斯坦，看看光速不变会带给我们什么结论。

爱因斯坦狭义相对论的核心是两个假设，用物理的话来说，是两个公理。公理是假定为真的命题。基于公理，我们得以推演出结论，然后，在现实世界中用实验来检验这些结论。运用公理是一个古老的技艺，最早可以追溯到古希腊。采用公理的方法，欧几里得在《几何原本》中发展了一套现在仍在学校讲授的几何体系，其中它对公理方法的应用广为人知。根据 5 条公设，欧几里得建立了他的几何学，他还认为这 5 条公设是不言而喻的。然而，随后我们便会看到，欧几里得几何仅仅是许多可能几何体系中的一种，它适用于像桌面这样的平直空间。用来描述地球表面的几何学就不属于欧几里得几何，而是由另一套完全不同的公理定义的。我们很快会碰到另外一种重要的几何学例子——时空几何学。对照自然检验通过公理得出结论是重要的一个环节，古希腊人没能广泛使用。否则的话，今天的世界会是另外一番景象。早在 11 世纪，这个简单步骤被穆斯林科学家使用，到 16 世纪和 17 世纪已在欧洲生根发芽。最终，在实验的支持下，科学迅速发展，技术的进步和繁荣也随之而来。

爱因斯坦第一个公理是麦克斯韦方程组成立，即无论光源或观察者如何运动，光总是以相同的速度在真空运动。他的第二条公理主张遵循伽利略的说法，即任何实验都不能用来标识绝对运动。有了这两个命题作为武装，我们就可以像优秀的物理学家那样继续去探索了。爱因斯坦的理论源于他的两个公理，理论的最终检验标准却是它预测和解释实验结果的能力，科学一向如此。搬用费曼的话来说："概括起来讲，我们通过以下步骤寻找新的规律。首先，猜猜看。然后，基于猜测计算出结果，看看这个基于猜测的定律后面蕴含的结论。接着，将结果与大自然、实验或经验进行对比，通过与观测结果直接对比来判断猜测是否可行。如果与实验不一致，那么理论就猜错了。这简短的一句话是科学的关键。这跟你的猜测有多美没有关系，跟你多聪明，你是谁，叫什么也没关系。只要与实验不符，就是错的。就是这样。"这则绝妙的话摘录于费曼在 1964年的一次演讲，我们建议读者在网络上搜索演讲视频观看。

接下来几页的目标是找出爱因斯坦公理内含的结论。我们的工具是思想实验，一种爱因斯坦经常喜欢使用的技术。具体说来，假定无论观察者怎样相对运动，光速相对于所有观察者都保持不变，我们探讨这一假定导致的结果。为此，想想一种叫作光钟的笨重钟表，它由两个镜子组成，镜子间，一束光来回反射，光束反射一次，光钟走动一下。例如，如果镜子相距 1 米，则光大约需要 6.67 纳秒完成一次往返ⁱ。一次往返，光以 299792458 米每秒的速度移动了 2 米，您可以亲自检查下这个数字。这是一个高精度的时钟，一个心跳的时间，它走了 1.5 亿下。

现在，把光钟放在一列火车上，随火车从站台上的人身边疾驰而过。重要的问题是，对站台上的人来说，时钟走多快？在爱因斯坦之前，人们假定时钟快慢是不变的，即每走一步需要 6.67 纳秒。

图 2 显示了光钟在火车上的一个时间单位，它是由站在站台上的人观察到的。因为火车正在前进，在一个时间单位内，光必须传播更长的距离。也就是说，在站台上的人看来，由于时钟的运动，在一个时间单位内，光束的起点和终点落在了不同的地方。因此，若要使光钟与它静止时走动的快慢相同，光必须传播得快一点，否则，它无法在 6.67 纳秒内走完这段被拉长的距离。在牛顿世界里，火车的运动增加了光速。但关键是，爱因斯坦认为光不能加速，它对每个人都一样。这引起一个令人不安的结果，即对站台上的人来说，由于光线要走更长的距离，移动的光钟每走一步都要花费更长的时间。这个思想实验表明，若光速如麦克斯韦所说的是一个不变的常数，那么时间将以不同的速率流逝，其流逝的快慢由物体相对于我们的运动状态来确定。换句话说，绝对时间与光速不变水火不容。

必须强调的是，时钟变慢并非光钟所特有的现象。普通的摆钟和光钟没有本质区别，只不过它的工作原理是每一秒钟摆在两个地方"往返"一次。原子钟也是这样，它通过原子发出光波的波峰和波谷的数目来确定一个时间单位。甚至，体内细胞的衰变

---

i　1 纳秒是千分之一微秒，即 0.000000001 秒。（原书注）

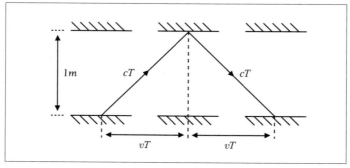

图 2

率也可以用来计时。这些装置都测量了时间的流逝，会得到同样的结论。光钟常常被用来讲授爱因斯坦理论，不厌其烦，但这是一种非常陌生的时钟，引起了无数困惑。我们很容易被误导，认为以上结论是光钟独有的奇怪特性，而不是我们对时间本身的本质认识。若这样认为，那就大错特错了。选择光钟而不是其他时钟的唯一原因是，满足使用爱因斯坦光速不变的奇怪要求，从而让每位读者都能得到有关相对时间的结论。然而，通过对光钟思考而得到的所有结论都适用于任何其他类型的钟表。原因如下。

想象一下，把自己放在一个密闭箱子里，在箱子里放入一个光钟和一个摆钟，给它们校准时间。若这两个钟表足够精确，它们将保持同步，并永远显示相同的示数。接下来，把箱子放到运动的火车上，由爱因斯坦第二公理，箱子里的人不能判断自己是否在运动。但若认为光钟和摆钟不同，它们不再同步，那么箱子里的人就可以肯定自己的运动状态，这违背第二公理的结论[i]。因此，

---

i 设定密闭的箱子是为了防止产生这样的想法，即，通过观看窗外的世界来确定我们是否在运动。事实上，即便看到外面也是没用的，通过向外看你只能确定自己是相对于地面在运动。（原书注）

摆钟和光钟必有完全相同的时间规律，对站上的人来说，运动的光钟变慢，那么其他运动的时钟也将变慢。实际上，站台上的观察者看到的是移动的火车上时间流逝变慢。这不是幻觉引起的。

因此，我们必须做出选择，要么坚持绝对时间这一令人舒服的概念，但要抛弃麦克斯韦方程，要么抛弃绝对时间，支持麦克斯韦和爱因斯坦。该如何选择呢？如果想证明爱因斯坦是对的，必须找到这样一个实验，通过该实验在运动的物体上观察到变慢的时间。为了设计这个实验，首先需要确定物体速度达到多大时，才能出现明显的效果。显然，高速路上 70 英里每小时的车速，并不能使时间慢下来，否则，我们开车去一次商店，回家后会发现自己的孩子变得比我们老。这很荒谬，但爱因斯坦的理论确实如此，如果我们能够以足够快的速度旅行，那么就能看到因运动引起的年岁差别。足够快是多快呢？在站台上的人看来，光沿着图 2 中三角形两斜边传播。爱因斯坦论述，因为光比它在静止的光钟中传播的距离要远，时间单位变长了，时间的流逝就变慢了。接下来，要做的是计算时间变长了多少（给定列车的速度的情况下）。毕达哥拉斯[i]可以帮助我们完成这一任务。

若不想看数学，你可以跳过下一段，但你必须相信，任何人都能算出最后的数值。书中碰到的其他数学问题也一样，跳过它，别担心。尽管数学有助于更深入地理解物理，但撇开它们，本书一样可以读懂。若你以前没有任何数学经验，或许你能跟着学一学。在这里，数学问题已经变得相当容易，你只要不抵触它就好，一些常见的脑筋急转弯都比我们的数学难。说来说去，数学可能是读懂本书的一个小挑战，但是值得去努力尝试。

---

i 这里指的是勾股定理。

回到图 2，对站台上的人来说，一个时间单位的一半是光从底部反射镜传播到顶部反射镜所用的时间，假设它等于 T。我们先找到 T，然后让它翻倍，就得到了整个时间单位的长度。知道 T 之后，我们可以计算出三角形最长边（斜边）的长度 cT，即光速（c）乘以光从底镜到顶镜所用的时间（T）。请记住这样一个定义，物体通过的距离等于物体的速度乘以运动的时间。例如，一辆汽车以 60 英里每小时的速度在一小时内行驶的距离是 $60 \times 1 = 60$ 英里。算出两个小时走过的路程也不难，你只需调用公式"距离 ＝ 速度 $\times$ 时间"。知道 T 之后，我们还可以计算出时钟在半个时间单位中移动了多远。若火车以 v 的速度移动，那么仅仅调用公式"距离 ＝ 速度 $\times$ 时间"，就可以得到在半个时间单位中光钟移动的距离是 vT，这个距离是三角形底边的长度。因为我们已经表示出最长边的长度[i]，因此，只需使用下勾股定理就可以找到它与镜间间距的关系。已知镜子间间距为 1 米，根据勾股定理就有 $(cT)^2 = 1^2 + (vT)^2$。在数学中，圆括号表示计算操作的先后顺序，例如，公式中 $(vT)^2$ 表示："首先把 v 乘以 T，然后给它的结果求平方。"仅此而已。

知道光速 c，火车的速度 v，T 就可以从公式中得出来了。最粗暴的方法就是猜测了，猜一个 T 的值，看它是否满足方程。大部分猜测都是错的，你需要一遍一遍地尝试，一番操作后就可以找到答案。这个过程很烦琐。幸运的是，我们可以通过"解"方程来避免这个烦琐的过程。此方程可以表示为 $T^2 = 1/(c^2 - v^2)$，其中，斜杠用来表示"除以"，如，$1/2 = 0.5$，再如，a/b 表示"a 除以 b"。上式的意思是"先算出 $c^2 - v^2$，然后再用 1 除以它。这样我们就得到了 T^2 的值了。如果你有一些数学基础，这确实有

---

i 被表示为 cT。

些无聊。如果你没有数学基础，不能理解为什么 $T^2=1/(c^2-v^2)$，不用去管它，请相信结论，或者往公式里代入些数值验证下。得到 T^2 的结果，也就是"T 乘以 T"的结果，然后通过对结果求平方根就可以得到 T 的值。在数学里，一个数的平方根是这样定义的：一个数的平方根乘以它自身，等于这个数。例如，9 的平方根是 3，7 的平方根接近于 2.646。大多数计算器有计算平方根的功能。一个数的平方根通常由符号"$\sqrt{}$"表示，如 $3=\sqrt{9}$。求平方和求平方根互为逆运算，如 $4^2=16$，$\sqrt{16}=4$。

回到我们的问题上来，有了以上数学基础，对站台上的人来说，光钟的一个时间单位就可以轻松获取了。光从底部反射镜到达顶部反射镜并再次返回所需要的时间是 $2T$。首先对 T^2 求平方根，然后乘以 2，就可以得到 $2T=2/\sqrt{c^2-v^2}$。在知道火车的速度 v、光速 c 以及两个镜子之间的距离（1 米）的情况下，该公式就能计算出站台人员观测到的时间单位。对于火车上光钟旁的观察者来说，这个过程光仅是以速度 c 运动了 2 米（因为距离 = 速度 × 时间，所以时间 = 距离 / 速度），所以光钟一个时间单位仅等于 $2/c$。站台上的人观测到火车上的光钟变慢了，变慢了多少可以通过以上两个时间单位的比值得出。简单计算表明，光钟变慢由系数 $c/\sqrt{c^2-v^2}$ 表示。重新整理得到，$1/\sqrt{1-v^2/c^2}$。这个常数用希腊字母 γ 表示，它的发音为"gamma"[i]，是相对论中一个非常重要的数值。通过观察可以发现，只要光钟速度低于光速，由于 v/c 小于 1，γ 总是大于 1。此外，当光钟速度远小于光速时（生活中常见的速度，对驾驶员来说，光速是 6.17 亿英里 / 小时），γ 非常接近 1。只有当光钟速度与光速可比拟时，γ 才明显

---

i　中文注音：伽马。

偏离 1。

　　讲到这里，我们成功确定了对于站台上的观察者，飞驰火车上的时钟变慢了多少，所需相关数学也已讲述完毕。让我们根据情况代入数据看一看。如果火车以 300 千米每小时的速度行驶，那么不难发现 v^2/c^2 是一个非常小的数字，0.000000000000077，继续通过算式 $1/\sqrt{1-0.000000000000077}$ =1.000000000000039，便得到了"时间拉伸"因子 γ。不出所料这是一个微乎其微的影响。在站台上的朋友看来，乘火车旅行 100 年，你的寿命只会延长 0.000000000000039 年，这个数字略高于十分之一毫秒。然而，当火车以 90% 光速的速度疾驰而过时，情况就不同了。这时，时间拉伸因子将大于 2，也就是说坐在站台上的人看到，移动的时钟的摆动频率不到车站上时钟的一半。这就是爱因斯坦的预言，有点难以置信。不过对优秀科学家来说，能否相信它要看实验检验。

　　接下来会讨论验证这一结论的实验，但在此之前，我们停一停，进一步思考下刚刚得到的结果。我们坐在光钟旁边，从火车上乘客的角度出发，再做一次思想实验。对乘客来说，时钟没有运动，光只是上下运动，这就像我们坐在咖啡馆里看到身边的时钟一样。根据伽利略的说法，光钟相对于乘客静止，乘客肯定会看到光钟每 6.67 纳秒走一个时间单位，心跳一次，它走 1.5 亿次。与此同时，对站台上的观察者来说，火车上的光钟用了 6.67 纳秒多一点的时间来完成一个时间步。在数过 1.5 亿次时间单位后，他的心跳略多于一次。在站台上的人看来，他比坐在火车上的乘客衰老得快。这是很惊人的结论。

　　我们刚刚已证明，对于真实的火车来说，其速度远不及光速，这种影响微乎其微，但它确实存在。在一个想象的世界里，火车以接近光速的速度在一条长长的轨道上疾驰，这种效果将被放大，以至于站在月台上的人会感觉到自己变老得快些。

在实验室，若要测试到这种否定绝对时间的结果，就需要发展一种方法来研究接近光速运动的物体。因为，只有物体接近光速，时间拉伸因子 γ 才足以被实验测量到。稍微理想一些，我们寻找一个有寿命的物质来做研究，看看可否通过让它快速运动起来来延长它的寿命。

幸运的是，这样的物质确实存在，科学家对它们再熟悉不过了。事实上，我们本身就是由这些物质构成。它们就是基本粒子，一种非常小的亚原子粒子，宇宙中所有物体的最小组成部分。它们因为小，所以很容易被加速到很大的速度。在本书的后面，我们还会看到很多有关基本粒子的内容。现在，我们给出两个基本粒子，即电子和 μ 子。

电子是构成我们身体的重要粒子，我们应该感激它们。电子参与导电，当它们通过电线时，点亮灯泡，加热烤箱。μ 子在许多方面与电子相同，只是质量更大些。科学家并不理解为什么自然界会存在 μ 子，它更像是电子的副本，却不参与地球和人类的构造。不管 μ 子存在的原因是什么，它在检验爱因斯坦相对论方面表现非常出色。因为它的寿命很短，而且质量很小，很容易加速到很大的速度。据我们所知，把一个 μ 子放在身边时，它的寿命大约是 2.2 微秒（一微秒是百万分之一秒），相比 μ 子，电子的寿命很长，没有限制。μ 子死亡时，变成一个电子和一对叫作中微子的亚原子粒子。这里，我们只需要知道 μ 子死亡就可以了，不需要其他额外信息。在纽约长岛，有一个布鲁克海文国家实验室[i]，实验室内有一台交替梯度同步加速器（AGS），这台设施为爱因斯坦理论的验证提供了了不起的实验。上世纪 90 年代末，布鲁克海文的科学家们制造了这台机器，他们产生一个 μ 子束，μ 子以光速的 99.94% 在 14 米直径的圆环上循环。如果 μ 子在圆环中只能存活 2.2 微秒，那么它们只能跑 15 圈[ii]。实际上，它们跑了 400 圈，这说明它们的寿命延长了 29 倍，达到 60 多微秒。实验事实说明爱因斯坦是对的，他走在真理的道路上。但他的理论能有多准确？

本章前面所讲的数学将在这里发挥作用了。我们刚才用它精确预测了以恒定速度运动的时钟比静止时钟变慢多少。因此，这里我们可以通过数学公式预测，当 μ 子以 99.94% 的光速运动时，时间会减慢多少，寿命又会延长多少。根据爱因斯坦理论，布鲁克海文 μ 子的时间将延长 $\gamma = 1/\sqrt{1-v^2/c^2}$ 倍，其中 $v/c = \sqrt{0.9994}$。按下手边的计算器，验证下，你会发现 γ 等于 29，和布鲁克海文的实验人员发现的完全一样。

我们值得在这里稍作停留，思考下发生了什么。根据勾股定理和爱因斯坦关于光速不变的假定，我们导出了一个数学公式。它赋予我们预测亚原子粒子寿命延长的能力。当一个称为 μ 子的亚原子粒子在布鲁克海文的粒子加速器中加速到 99.94% 光速的速度时，我们计算出它的寿命应该是静止 μ 子寿命的 29 倍。这一预测与布鲁克海文的科学家所测到的数值完全一致。

---

i　布鲁克海文国家实验室(BNL)位于纽约长岛萨福尔克县中部，成立于1947年。历史上该实验室曾经有 7 个项目 12 人次获得过诺贝尔奖，是世界著名的大型综合性科学研究基地。

ii　利用圆的周长等于 π 乘以直径，其中 π 约等于 3.142 时，你可以自己验证下。（原书注）

这就是物理学的天地，你思考得越多，它就越精彩。当然，在20世纪90年代，爱因斯坦的理论早已成熟。布鲁克海文的科学家们更关注 μ 子的其他性质。爱因斯坦理论的寿命延长效应给他们提供了额外的好处，这意味着他们有了更多的时间对 μ 子进行观察。

根据实验，我们不得不得出这样的结论：时间是可拉伸的。它流失的快慢因人而异（因 μ 子而异），取决于他们的运动状态。

嗅觉敏锐的读者可能已经发现，时间这种令人不安的行为似乎不是问题的全貌，还有其他东西潜藏在后面。回到交替梯度同步加速器中，再想一想那些嗡嗡作响的 μ 子。在加速器上画一条终点线，数一数 μ 子在死亡前跨越终点线的次数。对于观察 μ 子的人来说，由于 μ 子寿命延长了，它们跨越了 400 次。但如果和 μ 子一起绕环疾驰，你会跨越终点线几次呢？必须是400，否则这个世界将毫无意义。问题来了，当你随着 μ 子绕环飞行时，手表会显示它们的寿命只有 2.2 微秒，因为 μ 子相对于你是静止的，并且 μ 子静止时的寿命只有 2.2 微秒。尽管如此，在 μ 子消失前，你和 μ 子还必须绕环运动 400 多圈。然而，在 2.2 微秒内跑 400 圈似乎又是不可能的。这是怎么回事？幸运的是，有办法摆脱这种困境。从 μ 子的角度来看，环的周长缩小了。为了观测的一致性，从 μ 子看来，环的长度必须收缩，直到它产生的效果和 μ 子寿命增加的相同。所以空间也必须是可伸缩的！跟时间膨胀一样，空间收缩也是一个真实的效果。运动的物体确实如此。举一个奇怪的例子，有一辆 4 米长的汽车试图进入一个 3.9 米长的车库，这似乎不可能。但根据爱因斯坦理论，如果汽车的速度超过光速的 22%，它就能挤进去，至少在碰到墙的最后一刹那。同样，根据数学公式，你可以验证 22% 是正确的数字。因为，再快一点，车子就缩小到3.9米以下；再慢一点，车身缩小的长度不够。

在亚原子世界，发现时间减慢，距离缩短，就足以令人惊讶了，更何况爱因斯坦的推理对人类这样大小的物体也适用。有朝一日，我们的生存将依靠这些奇怪的现象。想象一下几十亿年后的遥远未来，太阳不再能给我们提供生命所需的稳定光照，它已变成了一个恒星怪物，会在最后死亡的暴胀中，吞没掉我们的星球。那时，如果我们没有因其他原因而灭绝，就必须设法逃离地球家园，前往其他行星。然而，人类生活的银河系是由1000亿个太阳组成的螺旋状岛屿，直径约10万光年。也就是说，在地球上看来，光需要10万年才能穿过银河系。若如上所述，前往其他行星是我们最终的命运，那么我们的目的地似乎也只能局限于临近的一小部分恒星（天文尺度上），因为好像我们很难指望达到银河系更遥远的角落，即便光也需要10万年的时间。事实并非如此，爱因斯坦的理论可以拯救我们。我们可以建造一艘飞船，以非常接近光速的速度飞向太空，那么恒星间的距离就会缩短。我们越接近光速，间距就越短。如果我们能以99.99999999%的光速旅行，那么我们就可以用短短的50年时间离开银河系，飞到邻近的仙女座星系，尽管它距离我们将近300万光年。这是一项艰巨的任务，最大的障碍是如何为宇宙飞船提供动力，使其能够达到如此快的速度。随着空间和时间扭曲的发现，前去宇宙远处旅行的想法和以前已大不相同。如果你是人类第一批仙女座探险队的一员，经历了50年的旅程后来到了新的星系，并在那里给出生的孩子讲太空中蓝色星球的故事，若这些新生的小孩希望回到地球家园，亲眼一睹它的姿态，他们需要调转宇宙飞船，再花上50年才能返回地球。这样，往返仙女座的整个旅程将花费 100 年的时间。然而，更令人震惊的是，当他们回到地球轨道时，地球上的居民已经生活了 600 万年了。那时，他们祖先的文明是否还存在？爱因斯坦让我们看到一个匪夷所思的世界。

第四章 时空

在前面的章节中，我们紧随历史，领略了相对论的来龙去脉。一路走来，我们的思考与爱因斯坦当初发现相对论时的思索相差无几。回想一下，不得不承认，空间不是上演生活琐事的大舞台，时间也不是恒常流失的时间。相反，我们逐步认识到，时空是可伸缩的，是依赖于观测者的，也就是个体化的。不再有一个大钟能放之四海皆准，它被推倒了，被抛弃了。传统空间的命运也是如此。我们之所以认为它是包裹着生活的大盒子，只是因为这样做能让我们最便捷、最快速梳理身边的事情。空间也只是一个空间意识，一个想象的网格，套在运动的物体上，赋予它们位置，这样，危险的捕食者被避开，食物被轻易获取，人们以此在危险的环境中生存下来，并做出富有挑战性的事情。数百万年来，空间意识被自然选择强化，最终深深扎根于大脑的深处。尽管如此，我们仍没有理由认为这种模型应该对应着什么东西。别忘了，我们总是带着有色的眼镜看待这个世界。然而，我们迈出了重要的一步。我们接受了灯火阑珊中，法拉第长凳上的实验，接受了麦克斯韦对实验的总结和解释。我们相信了科学，并拒绝了那个两百万年来一直支撑祖先生存和繁荣的时间和空间意识，无论它多么舒适，多么深地扎根于人类的心灵深处，并被逐步强化。抛弃我们祖先赖以生存的空间意识，会让人困惑、眩晕、迷失方向。但随后便是茅塞顿开，世界再次豁然开朗，科学带来无比的欢乐。如果你已经困惑不已，不要急，最后本书会帮你开启顿悟之门。

本书的目的不是讲述相对论发现的历史，而是找到一个最具启发性的方法来呈现时间和空间的理论，这样看来，只讲历史不是最好的选择。现在，离爱因斯坦的革命性创举已经有一个多世纪了，回望这段时光，我们发现一种更深刻的方法来思考时间和空间。与其深入挖掘老式的教科书的观点，不如我们从空白的画布上重新开始，跟随闵可夫斯基，领悟他的智慧。在他看来，时间和空间并非独立的，它们要合二为一。我们需要跟随他画出一幅优美图画，$E=mc^2$ 就藏在里面。

让我们开始新的旅程。不用数学公式，只借助画图和概念等几何语言就可以构建爱因斯坦的理论。这一方法的核心是三个概念：不变性、因果关系和距离。对非物理专业的读者，前两个词会比较陌生，相比而言，第三个词较为常见，但需要做些微妙处理。

不变性是现代物理学的一个核心概念。请停下阅读，抬头看看眼前的世界，然后转身，再向后看看。虽然地方不同，房间看起来不一样，但自然法则在每处都是一样的。东南西北，无论你面向哪个方向站立，重力都一样，它让你站在原地。不管伦敦、洛杉矶还是东京，无论哪个城市，电视都能工作，汽车都能发动。这些例子都体现了不变性。这样看来，不变性有点显而易见，不过如此。但是，若把不变性强加到科学理论上，那将卓有成效。刚才的例子就包含两种形式的不变性。面对不同的方向确定自然法则，那么自然法则不会随旋转而改变的要求称为旋转不变性。从一个地方移动到另一个地方，定律不随着平移改变的要求称为平移不变性。这些要求看似微不足道，在艾米·诺特（Emmy Noether）的手中却有惊人的力量。诺特被爱因斯坦称为数学史上最重要的女性。1918 年，诺特发表了一个定理，揭示了不变性和物理量守恒之间的深层关系。在谈论物理学中的守恒定律之前，让我们先看看诺特的深刻结论。例如，朝不同方向看世界，如果自然规律在各个方向保持不变，那么就有一个守恒量，这个守恒量叫作角动量。对于平移不变性，有一个守恒量叫作动量。这些结论非常重要，为什么呢？让我们跨过艰涩的字眼，拿一个有趣的物理事实来说明它吧。

月球每年都会远离地球 4 厘米。让我们揭示其中的原因。发挥想象力，若假定月球悬在空中，一动不动，由于月球引力的作用，正对月球的海面会向上凸起一些，地球就会每天经过凸起，在这个凸起下面自转。这便是潮汐形成的原因。潮汐在水和地球表面之间产生摩擦，减慢着地球的自转速度。潮汐对地球自转的影响微乎其微，但可以通过地球日测量出来。实际上，地球日正逐渐延长，大约每世纪增加千分之二秒。若用物理学家的话来说，那就是由于潮汐，地球的角动量随时间推移而减少，因为物理学家用角动量衡量旋转速率。根据诺特的理论，因为世界在每个方向上都是一样的（更准确地说，自然法则在旋转变换下是不变的），所以角动量是守恒的，也就是总的旋转的量保持不变。那么地球因潮汐摩擦而失去的角动量去哪里了呢？答案是月球。具体说来，月球在其绕地球的轨道上通过加速补偿了减慢的地球自转[i]，并且这种加速使月球稍微远离地球。也就是说，为了确保

---

i 可以理解为潮汐通过引力作用于月球使其加速。

地球和月球系统的总角动量守恒，月球必须上升到更高的月球轨道上，以补偿减慢的地球自转。事实确实如此，奇妙无比，月球这颗硕大的球体，每年远离一点，恪守着角动量守恒的规律。意大利小说家伊塔洛·卡尔维诺（Italo Calvino）觉得这美妙无比，还因此写了篇短篇小说《月亮的距离》（*The Distance of The Moon*）。在小说中，他想象了一个遥远的过去，某个先辈每天晚上乘船横渡大洋，与月亮相遇，借助梯子便爬上了月球。然而，岁月流逝，月亮慢慢远离大地，直到有一天晚上，梯子的长度不再足够长，爱月亮的人不得不做出选择，要么永远困在月球上，要么回到地球上。在卡尔维诺的手中，这一奇幻的浪漫故事有不变性概念的影子，暗含着不变性与物理量守恒之间的深刻联系。

不变性对现代科学非常重要，这值得一再强调。因为，物理学的核心是构造一个普遍适用的知识框架，其中的规律绝不是一些毫无根据的浅薄意见。物理学家的目的是揭示宇宙的不变性，这些不变性使他们能够像诺特一样获得对世界的真知灼见。然而，发现不变性绝非易事，因为大道至简、至美，却深藏不露。

现代粒子物理学最能说明对称性的魅力。粒子物理学是研究亚原子世界的学科，它探索宇宙的基本组成单元，以及它们之间的相互作用力。我们已经讲述了电磁力，一种基本相互作用力，它解释了光的本质，并引导我们发现了相对论。除了电磁力，还有另外两种基本相互作用力支配着亚原子世界。强力将原子核聚集在原子的核心。恒星的发光及其伴随的某些类型的放射性衰变都与弱力有关，例如，放射性碳定年法中碳元素的衰变。第四种基本相互作用力是万有引力，它最常见，也最弱。现今，最好的引力理论仍然是爱因斯坦的广义相对论，随后我们将看到，它是一种时空理论。12 种基本粒子凭借这 4 种基本相互作用力，相互结合，构成了太阳、月亮、恒星，还有太阳系中的行星、我们的身体，眼前的一切。乍一看复杂无比的宇宙变得难以置信的简单起来。

　　放眼窗外，午后的阳光，穿过楼宇，扯下城市扭曲的倒影。或是乡间，篱笆绿地，奶牛成群。无论城市还是乡村，到处都是人类的痕迹，文明无孔不入。直到 21 世纪，物理学告诉我们，137 亿年来支配世界的规律仅仅涉及少数几个亚原子粒子和 4 种基本相互作用力。窗外的繁杂景象，只不过是意识和灵敏的感觉在人类复杂大脑里的综合产物，它掩盖了大自然潜在的简单和优雅。科学家寻找着大自然的罗塞塔石碑[i]，上面写着神秘的语言，讲述着自然的壮美。

　　数学是一种探索和利用大自然特性的工具。这句话本身包含一个深刻的问题。正如尤金·维格纳所说："数学能够非常恰当地表达物理定律，这是一个奇迹。数学是上天赐予的礼物。我们无法理解为什么会这样。" 这本书通篇都试图解释为什么会这样。也许我们永远不会理解数学和自然关系的真正本质。但经验证明，数学让我们组织思维，以便更有效地引导我们深入理解所思考的内容。

　　我们一直在努力强调数学对思维的有效组织作用，实际上，物理学家写下方程时，只不过更好地表达了各种真实"事物"之间的关系。例如，速度＝距离／时间。在讨论光钟时，我们用到了这个关系。用数学符号，可以把它表示为 $v=x/t$，其中 v 是速度，x 是行驶的距离，t 是行驶的时间。如果你在一小时内

---

i　罗塞塔石碑，刻有古埃及国王托勒密五世登基的诏书，石碑上用希腊文字、古埃及文字和当时的通俗体文字刻了同样的内容。

行驶了 60 英里，那么行驶的速度便是 60 英里每小时。最有趣的方程能够描写大家都认可的自然现象。也就是说，最有趣的方程处理不变量，即不以我们的观测角度而改变的量。在爱因斯坦之前，常识告诉我们空间中任意两点间的距离都是一个不变量。但常识并不可靠，上一章我们已经看到，事情并不是这样。同样，时间也不是一个不变量，它的流逝取决于观察者，它的变化依赖于时钟相对于彼此运动的速度。因此，爱因斯坦打破了事物古老的秩序，我们不能再依靠距离和时间来建立一个可靠的宇宙图景。对于寻找自然深层规律的物理学家来说，$v=x/t$ 不再是表示不变量之间关系的公式了，没有根基了。总之，旧的时空观破坏了，物理学的基础动摇了。接下来，该怎么办呢？

猜想是重建宇宙秩序的一种方法。猜想说白了就是"猜"，科学家总是这么做。在寻找基础理论时，光靠聪明是没用的。有时候一个好的猜测便可以事半功倍。只要猜测能与实验相符合，它就成功了。下面给出一个非常激进的猜想：时间和空间合二为一，形成一个被称为"时空"的实体，然后，根据不变性的要求，时空距离是一个不变的量。这个论断非常大胆，它丰富的内涵将被逐步揭示出来。其实，仔细想一想，这个想法可能也不过如此。因为，当我们失去古老的确定性，失去空间中绝对不变的距离和放置四海皆准的时间大钟，也许我们能做的就是把这两个概念统一起来。接下来的挑战是，寻找一种测量时空距离的方法。需要注意的是，这种新的距离不会因我们相对彼此运动而改变。为此，我们需要仔仔细细地研究时空整体（spacetime synthesis）的运作方式。但首先要搞明白，在时空中寻找一个距离到底是怎么一回事？

假设我早上 7 点起床，8 点吃完早餐。基于以前实验得到的结论，下面的表述是正确的：（1）从床到厨房的空间距离，我测量出为 10 米，高速飞过的人却测量出不同的距离；（2）我的手表显示我用了 1 个小时吃完早餐，但对此，高速观察者会记录一个不同的时间。因此我们需要找到一个不变量。通过猜测，从我起床到我吃完早餐之间的时空距离可能是不变的，是我和高速飞过的观察者可以达成一致的量。这种能够达成共识的物理量非常重要，是建立自然法则的基础。当然，现在只是猜测，还没有证明，甚至还没有确定计算时空中距离的方法。这些都需要进一步推进。但是，在这之前，我们需要解释因果关系。因果关系是构建爱因斯坦理论的另一个核心概念。

与不变性一样，因果关系也是一个显而易见的概念，若用它给物理规律强加限制，也将产生深刻的影响。因果关系是指原因和结果的顺序非常重要，它们的顺序不能颠倒。母亲生儿子，而不是儿子先于他的母亲出生，任何内在一致的时空都必须保持这样的因果关系。

因此，构建一个儿子先于母亲出生的宇宙理论是可笑的、矛盾的。这样说来，没有人会反对因果关系对时空的要求。

需要注意的是，人类生活中经常忽略因果关系。预言便是很好的例子。诺查丹玛斯[i]就是一位被推崇至今的预言家，据说他能在梦中或是恍惚神秘的状态中看到未来发生的事情。也就是说，诺查丹玛斯生前可以看到他死后几个世纪发生的事件。诺查丹玛斯死于 1566 年，但有人认为他看到了 1666 年伦敦大火，拿破仑和希特勒的崛起，2001 年 9 月 11 日美国遭受的袭击和 1999 年俄罗斯出现反基督的人。我们对俄罗斯反基督教的预言比较感

---

i　诺查丹玛斯（1503 年 12 月 14 日—1566 年 7 月 2 日），法国籍犹太裔预言家。

兴趣，因为这个人还没出现，也许他／她正在成长中，会在本书出版前崭露头角呢。

把预言的娱乐成分放在一边，让我们引入一些重要的专业术语。诺查丹玛斯的死是一个"事件"，跟阿道夫·希特勒（Adolf Hitler）的诞生和伦敦大火一样。诺查丹玛斯看到他死后的事件，比如那场伦敦大火，就颠倒了大火和他的死亡这两件事件的顺序。再明显不过，诺查丹玛斯死在大火之前，因此他不可能看到它。他若要在死前看到它，那么必须颠倒事件顺序，让大火在他死前发生。更明确点说，假设诺查丹马斯巧妙地安排了这场大火。比如，他死时留下一笔银行存款，鼓励某人于1666年9月2日午夜后不久在布丁巷放火。这样，诺查丹玛斯的生死和伦敦大火两个事件之间就建立了更加明确的因果关系。稍后会谈到，在爱因斯坦的宇宙中，事件之间的顺序（事件之间的因果关系）不可逆转，因果关系无法被撼动。

但是，若两个事件在时间和空间中相距足够远，以至于它们之间不可能产生任何影响，那么它们的顺序是可以颠倒的。也就是爱因斯坦的理论允许事件的顺序被颠倒，只要这样做对宇宙的运行不产生影响。稍后，我们将解释"足够远"的意思。现在，因果关系的概念已经是我们构建时空理论的公理了，它是否适用，要看能否成功预言实验结果。让我们拭目以待。其实，诺查丹玛斯做过一次成功的预言。当他患上一场特别严重的痛风后，他告诉秘书："日出时，你将发现我已死去。"第二天早上，人们发现他的确死在了地板上。

因果关系和时空有什么关系？特别是，与时空距离有什么关系？我们先解开答案吧。坚持具有因果关系的宇宙，让我们没有多少时空结构可选。实际上，在保留因果关系的情况下，只有一种方法能把时间和空间结合起来，形成时空结构。任何其他方式构建的时空，都会违反因果关系，让一些异想天开的事情成为可能，比如，可以回到过去阻碍自己的出生，比如，允许诺查丹玛斯篡改自己以往的生活方式，避免痛风发生。

现在，让我们从因果关系回来，回到发展时空距离这个挑战上来。我们暂时把时间放在一边，从三维空间中最普通的距离概念开始。我们对这个距离概念比较熟悉，先拿它热热身。测量地图上两个城市之间的最短距离，那么地球表面上这两点最短距离的路径将是一条曲线，这条曲线叫作大圆航线[i]。这对坐过长途飞机并玩过飞机娱乐系统的乘客再熟悉不过了，因为，他可以时刻从系统的地图上看到自己的飞行动态。图3显示了一张地球地图，上面画着一条线，对应着曼彻斯特和纽约之间的最短距离。拿着地球仪，仔细端详，有这样一条线，一条标识着两点之间最短距离线。它是一条曲线，这一点需要多点说明。原因是地球是个球体，它具有一个弯曲的表面。假如把地球的表面平铺成一张平面地图，那么地图中，格陵兰岛看起来会比澳大利亚大得多，实际上它比澳大利亚小很多。我们很清楚，直线距离是平面空间中两点之间的最短距离。这属于平面几何，又称为"欧几里得几何"。欧几里得当时并不知道他的平面几何只是几何家族中的一个成员。这事直到19世纪才搞清楚，非欧几里得几何在数学上也是合理的，有些还可以用来描述自然。弯曲的地球表面就可以由非欧几里得几何来描述。在非欧几里得空间中，两点之间的最短距离不是欧氏直线。

---

[i] 把地球看作一个球体，通过地面上任意两点和地心做一平面，平面与地球表面相交看到的圆周就是大圆。两点之间的大圆劣弧线是两点在地面上的最短距离。沿着这一段大圆弧线航行时的航线称为大圆航线。

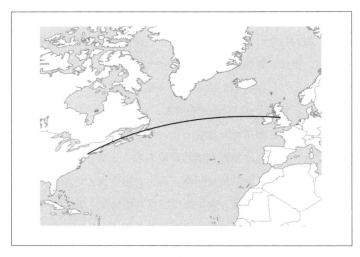

图3

　　欧几里得几何还有其他的基本性质，有一些我们比较熟悉，但这些基本性质在地球表面也不再成立了。例如，三角形内角和不再等于180°。再如，在赤道上画两条指向南北的平行线，将在地球两极相交。在弯曲空间中，欧几里得方法不再适用，该如何计算距离呢？具体来讲，如何在地球表面计算距离呢？地球仪和绳子就可以提供一个易于上手的方法，来正确计入地球曲率的影响。对飞行员来说，拿一个地球仪，指出两个城市，在它们之间拉一根绳子，用尺子测量所需绳子的长度，然后将这个长度与地球和地球仪大小的比值相乘，就可以得到两座城市间的距离了。假如手头没有地球仪呢？假如我们的任务是编写一个程序，用于导航呢？很多情况下，绳子测量是达不到要求的，我们需要做得更好，需要找到一方程式，分别给定任意两点经度、纬度，给定地球大小和形状的情况下，计算这两点间的距离。找到这个方程式并不难，若你懂一些数学，可以自己尝试下。我们不打算把它写出来，也没必要，你需要记住的是有这么一个方程，它不属于欧几里得几何。它能够计算球体上两点之间的最短距离，就像勾股定理能够计算桌面上两点（三角形斜边）之间最短距离一样。直线在欧几里得空间中表示两点之间最短的距离，不再适用弯曲空间。对于弯曲空间和平直空间，我们引入测地线这个新的术语，来表示两点之间的最短距离。那么，直线是平面空间的测地线，大圆是地球表面的测地线。有关三维空间的距离就写到这里。让我们继续，去处理如何确定时空距离的问题，我们需要加入时间，问题因此会变得复杂一些。

我们曾给了一个起床和在厨房吃早餐的简单例子，用到了空间距离和时间间隔的概念。床和厨房之间的空间距离是 10 米，这样说没问题。如果说从起床到吃完早餐的时间距离是 1 小时，听起来就比较奇怪了。这不是我们平常思考时间的方式，我们不习惯用这种几何学的语言。我们宁愿说："从我起床到吃完早饭，过去了一个小时。"我们不会说："从我起床到在厨房坐下来，10 米过去了。"空间就是空间，时间就是时间，日常谈话中，决不能把两者混为一谈。然而，现在我们恰恰需要把两者混合在一起，因为，这可能是麦克斯韦和爱因斯坦重建事物秩序的唯一方法。让我们带着这个任务继续下去，看看会得到什么结论。这可能是本书最难懂的部分，因为这里用到了大量的抽象思维，这在日常生活中很少使用。抽象思维赋予科学力量，也给它带来了艰涩的坏名声。幸好，在电场和磁场的讲述中，我们已经有了抽象概念的经验，将空间和时间合并在一起，这个抽象过程可能就不再具有挑战性了。

当说到"时间距离"时，时间被视为一个额外的维度。我们曾接触过"3D"这个词语，它是指上下、左右和前后等空间的三个维度。为了定义时空距离，我们试图把时间加到维度的框架中，这实际上是在创建一个四维时空。时间维度与空间维度有所不同。人们可以在空间中自由行动，在时间中却只能勇往直前。但这不算是障碍。把时间看作"另一个维度"是一种抽象的飞跃，我们不得不这样做。这话听起来让人困惑不解，我们需要发挥想象力，去感受一下一个二维生物的世界，作为一个二维生物，你只能向前、向后、向左和向右移动。你从来没有经历过上下起伏。你无法在平坦的世界里理解第三个维度。除非你是一个数学爱好者，乐于接受第三个维度，你仍然可以通过数学来理解脑海中无法想象的额外维度。四维空间对人类来说也是这样。但随着本书内容的展开，把时间看作"另一个维度"就不会那么别扭了。要知道，刚到曼彻斯特大学，准备学物理的大学生，学到这个观点时，也会困惑很久。第一次遇到难的概念就把能它消化掉的人很少。概念在慢慢使用中变得清晰。用道格拉斯·亚当斯（Douglas Adams）[i] 的话来说："不要惊慌！"

下面我们轻松一会，认识下"事情的发生"，这非常平常，如，我们醒来，做早餐，吃早餐，等等。我们将事物的发生称为"时空中的事件"。时空中的事件可用 4 个数字来唯一地表示，它们是三个空间坐标，用来描述事件发生的地点，一个时间坐标，用来描述事件发生的时间。空间坐标可以使用任何旧的测量系统来确定。例如，用经度、纬度和高度来表示地球附近发生的事情。这样，你在床上的坐标可能是 N 53°28'2.28"，W 2°13'50.52"，海拔 38 米。同样，时间坐标是用一个时钟来指定（因为时间不是

---

i 道格拉斯·亚当斯，英国广播剧作家、音乐家，以"银河系漫游指南"系列作品出名。

普遍的，需要说清楚是谁的时钟）。当闹钟响了，你醒来时，可能是格林尼治标准时间早上 7 点。以同样的方式，4 个数字可以唯一地定位时空中的任何事件。请注意这些坐标是由特定的坐标系[i]确定的，都是相对于穿过英国伦敦格林尼治的一条线来测量的。1884 年 10 月，这项公约由 25 个国家商定，其中反对的是圣多明各（法国弃权）。但选哪个坐标系没有什么特别要求。选择什么样的坐标系，结果没有什么差别。这一点很重要。

早晨醒来，是一个事件，我们把它看作我们时空中的第一个事件。把吃完早餐看作第二个事件。回想一下之前的说法，两个事件的空间距离是 10 米，时间距离是 1 小时。为了准确起见，需要这样表述："我用卷尺的两端连接床和桌子，测量了床和早餐桌之间的距离""我用床边的闹钟和厨房里的闹钟测量了时间间隔"。别忘了，这些时间距离和空间间隔并不是普遍的，我们没有与其他人形成共识。坐飞机飞过你家的人就会认为，你的闹钟慢了，你的床和早餐桌之间的距离缩小了。是否还记得，我们的目标恰恰是在时空中找到一个大家能达成一致的距离？关键问题来了。"如何用 10 米和 1 小时构造一个具有不变性的时空距离？"针对这个问题，我们需要小心谨慎，就像地球表面上的距离一样，很可能会放弃欧几里得几何。

计算时空距离，首先要解决单位的问题。时空距离的单位是米，时间距离的单位为秒，怎么将两者结合起来呢？这就像把橘子和苹果相加，毕竟它们不是一样的东西。然而距离和时间可以通过 $v=x/t$ 相互转换，距离可以转换成时间，时间也可以转换成距离。对上面的式子做点小转变，就可以把时间写成

---

i 又称参照系，为确定物体位置而选定的参照物。

$t=x/v$，或者把距离写成 $x=vt$。也就是说，距离和时间可以通过速度相互转换。这里引入一个速度 c，作为标准速度。这样，只要用标准速度乘以时间间隔，就可以用米做单位来表示时间了。在以上推理过程中，我们没有限定这个速度的具体数值，因为还没有理由确定它的实际值。这种时间和距离互换的技巧在天文学中非常常见。例如，我们到恒星或星系的距离通常是以光年来衡量的，也就是光在一年内所经过的距离。光年是一个以年为单位的距离，我们已经习惯了这样的用法。不难看出，在天文学中，校准速度就是光速。

这又进了一步，使时间间隔和距离间隔具有相同的表示形式。例如，它们都可以以米、英里、光年或诸如此类的方式给出。图4显示了时空中的两个事件，它们用小十字表示。现在最重要的事情是找到一个规则来计算这两个事件在时空中相距多远。看这张图，给定其他两边的长度，我们想知道斜边的长度。为了更精确一点，我们把三角形底边的长度标记为 x，高度标记为 ct。这意味着两个事件在空间上相距 x，在时间上相距 ct。因此，参照前面的例子，$x=10$ 米是从床到餐桌的空间距离，$t=1$ 小时是时间上的距离，我们的目标是回答"给定 x 和 ct，斜边 s 是多少？"这个问题。到目前为止，因为 c 是任意的，ct 可以是任何数值，所以我们仍得不到答案。继续前进！

我们必须确定一种方法来测量斜边 s 的长度，即时空中两个事件的距离。应该选择欧几里得空间吗？选择欧几里得空间，我们就可以使用勾股定理了。还是选择更复杂的几何空间？也许空间是弯曲的，像地球表面或者其他更复杂的形状。事实上，我们可以想象出无数种计算距离的方法。不妨进行猜测，猜测是物理学家经常做的事情。我们以奥卡姆剃刀原理为指导进行猜测。奥

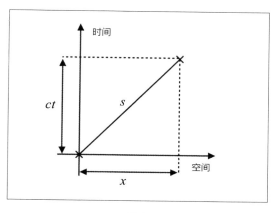

图 4

卡姆剃刀原理非常重要，且很有用，它是以生活在 14 世纪初的英国思想家威廉的名字来命名的。这个想法说起来很简单，实行起来却不容易。它可以被概括为"不要把事情复杂化"。奥卡姆本人将其表述为"除非必要，勿增实体"。但这引入了一个问题：为什么他在表述原理时不注意下自己的句子？[i] 无论表述如何，当用于理解自然世界时，奥卡姆剃刀原理是非常强大的，甚至是干净利落的。确实如此，我们首先应该尝试最简单的假定，只有当它失败时，才去一点一点地增加复杂性，直到假设符合实验验证为止。对于我们当下的问题，至少假定时空中的空间部分是欧几里得的，这是构建距离的最简单方法了；换句话说，空间是平坦的。这意味着把日常我们计算物体间距离的方法原封不动地用于新的坐标系中。就在我们读这本书时，房间里物体的间距也用这个方法计算着。另一个简单的假定是时空是恒定的，并且是均匀的。这些都是重要的假定。事实上，爱因斯坦最后放宽了这些假定的限制。

---

i 在表述自己的原理时，奥卡姆所用的句子非常拗口。

通过放宽限制，他得以考虑离奇古怪的空间弯曲，即时空可以不断地被放在其中的物质和能量改变。这引出了他的广义相对论，迄今为止最好的引力理论。我们将在最后一章讨论广义相对论。现在，我们先忽略所有的时空变化和扭曲。一旦遵循奥卡姆剃刀原理并做出这两个简单假定，就只有两个计算时空距离的方法可供选择了。斜边的长度要么是 $s^2=(ct)^2+x^2$，或者是 $s^2=(ct)^2-x^2$，没有第三种可能。虽然我们不能通过证明得出这些具体的形式，我们却通过恒定的和均匀的时空假定导出了它们。我们必须在正号和负号之间做出选择。当然，无论证明与否，都应该看看在应用它们的过程中我们会得到什么，并根据得到的结果判断哪一个更合适。

以上选用的两个式子只有正负号的区别，这说明，它并没有比勾股定理复杂太多。我们必须搞清楚，是选择加号还是减号的距离方程呢？看起来很蹊跷，有什么理由去考虑一个减号的勾股定理呢？不应该这样想。球面上的距离公式不就跟勾股定理不一样吗？毕竟我们有趣的想法是时空可能不像欧几里得空间那么平坦。因此，我们没有理由现在就抛弃减法的公式，因为减号版本是除加号版本之外的唯一选择。我们要保留它，并研究它的结果。通过研究，若加号和减号都无效，也就是都不能构建一个时空的距离量度，那么我们就不得不回到原点，重新开始了。

现在，我们开始新的推理，这非常优美，但会有点小难度。我们会坚守承诺，不使用比勾股定理更复杂的数学，但我们要求你多读一遍。这是值得的，连续读两遍之后，你会体会到一种爱奥尼亚式迷情[i]，生物学家爱德华·O.威尔逊（Edward O. Wilson）就曾描述过这种感觉。它源于泰利斯的工作，泰利斯

---

i 指一种相信科学具有统一性的信仰。

生活在公元前 6 世纪爱奥尼亚的米利都，两个世纪后，亚里士多德认为他的工作奠定了基础物理科学。爱奥尼亚式迷情是个诗一样的术语，它表达这样一种信念，即世界的复杂性可以由少量简单的自然法则来解释，因为世界的核心是有序和简单的（我们想起了维格纳的文章）。科学家的工作就是剥离眼前的复杂性，揭示出潜在的简单规律。当这个过程完成，世界展现出统一，我们就能体验到爱奥尼亚式迷情。拿雪花为例吧，有那么一刻，一片雪花落在手上，你看到一个优美的结构，一个齿状晶体，一种对称。然而，一团混乱的雪中，没有两片雪花是一样的，似乎难以理解，无法解释。但科学家认识到，雪花在复杂的表面下，隐藏着美妙的简单性，那就是，如此多种类的雪花却是由一种分子——水分子（H_2O）——构成的。寒冷的冬夜，在我们星球的大气层中，大量的水分子聚集，突然结合成一个结构和形态，势不可挡。每一片雪花拥有数十亿个水分子（H_2O）。

想要确定加号或减号，需要回到因果关系。先假定勾股定理式的公式 $s^2=(ct)^2+x^2$ 正确表达了时空的距离。我们重温下之前的两个活动，即早上 7 点起床，早上 8 点在厨房吃完早餐。我们先做点让你难以忍受的事。这可能会把你带回高中的数学课，你正看着窗外的足球，春光明媚，绿意盎然，抵挡着它的诱惑。我们把起床的事件称为"O"，把吃完早餐的事件称为"A"，这样使推理更简洁，还能省去纸张篇幅。

前面已经讲述，经我们测量，O 和 A 之间的空间距离是 $x=10$ 米，时间距离是 $t=1$ 小时。我们也曾假定，以接近光速飞过的人来测量，x 和 t 是不同的，但时空距离将保持不变。换句话说，x 和 t 将会改变，但是它们的改变不会引起 s 的变化。需要再次强调，我们的目标一直是采用时空中不变的量来建立物理定律，而距离 s 就是这样一个物理量。听起来还是太过抽象，让我们用朴实的生活语言再说一遍：大自然的规则表达真实事物之间的关系，这些事物生活在"时空"中。时空（或房间）是事物生存的舞台，生活在时空中的物体类似于坐在房间里的物体。事物的本质不像人的观点那样依赖于某个人，从这一点说，它具有不变性。在三维空间里举一个不变性的例子吧。火光照耀物体，产生一个摇晃不定的影子。显然，影子是变化的，它的形状由火的位置和燃烧情况决定。但我们从不怀疑在影子背后有一个真实的、不变的物体。我们计划在时空中找出真实物体之间的关系，把物理学从阴影中拯救出来。

如果两个观察者测量到不同 x 和 t 的值，若保持 s 相同，那么会有一个重要的结论，这个结论还可以用图形表示出来。图 5 显示了一个以事件 O 为中心的圆，圆的半径为 s。目前，我们采用的距离公式是勾股定理式的公式，因此，圆周上的每个点距离 O 的距离都是 s。因为，圆上的点到圆心的距离等于圆的半径，而圆外的点离 O 较远，而圆内的点离 O 较近。也就是说，事件 A 可以位于圆周上的任何一点，这样就可以与 O 保有 s 的时空距离，符合事件 O 和 A 时空距离为 s 的假定。此外，事件 A 究竟位于圆上的哪一点，取决于谁在测量 x 和 t。对我来说，因为 $x=10$ 米，$t=1$ 小时，我就知道它在图标中的位置，即标为 A 的点。对那个乘坐高速火箭飞过的人，虽然空间距离和时间距离发生了变化，但 s 具有不变性，这个事件仍然处在圆上的某个位置。因此，不同的观察者，在记录同一事件的空间和时间位置时，该位置只能在圆上标出。在图中，我们标出了两个可能的位置 A' 和 A''。相对于 A'，A'' 较为特殊，请仔细观察，A'' 在时间上与 O 有负距离，这表示，A'' 发生在 O 之前，是 O 过去的一个事件。也就是说，在你醒来之前，你就吃完了早餐。这个戏剧性的世界违反我们视若珍宝的因果关系。

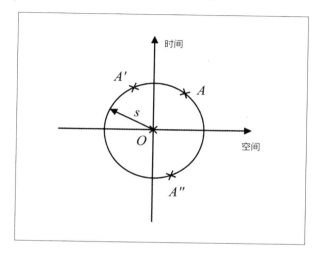

图 5

另外，图 4 和图 5 是"时空图"，用来帮助我们理解事件的过程。它用起来简单易上手，图上，十字表示事件，事件在"space"（空间轴）上的投影线的长度表示事件与事件 O 的空间距离。同样，事件在"time"（时间轴）上的投影线长度表示事件与事件 O 的时间差。空间轴上方的区域为 O 的未来（因为对该区域的任何事件 t 都是正的），下方的区域则是 O 的过去（因为 t 是负的）。回到我们的问题，我们已经定义了事件 O 和 A 之间的时空距离 s，这个定义允许 A 在 O 的未来或过去发生，究竟在未来还是过去发生取决于观测者的运动状态。也就是说因果关系与时空距离的形式密切相关，并且，勾股定理式的公式中这个带加号的定义不是好的选择，它不完全符合因果律。

我们面临失败，正如，英国生物学家托马斯·亨利·赫胥黎（Thomas Henry Huxley）所说"科学的巨大悲剧——一个丑陋的事实扼杀了一个美丽的假设"。因其对进化论的有力辩护，赫胥黎被称为达尔文的斗牛犬。威廉·威尔伯福斯（William Wilberforce）曾挖苦他是不是因为自己的祖父或祖母才声称自己是猴子的子孙。他回答道，他不会因为自己的祖先是猴子而感到羞耻，相反他会为与一个利用自己的伟大天赋掩盖真相的人有联系而感到无地自容。我们的悲剧是，为了保持因果关系，必须放弃勾股定理的公式这个简单假设，转向更复杂的假设。

下面只能用 $s^2=(ct)^2-x^2$ 来计算时空距离了，只剩下这个假定可供选择。与加号版本不同，它给出一个欧几里得几何不适用的世界，就像地球表面这样的世界。基于这个公式给出的空间，数学家把它叫作"双曲空间"。物理学家不同，他们称它为"闵可夫斯基时空"。读者可能已经敏锐地感觉到，这次我们对了。现在，我们首先要确定闵可夫斯基时空是否违反因果关系。

像欧几里得时空中的圆一样，在闵可夫斯基时空中，看一看距离 O 为常数 s 的时空线。你会发现减号起作用了。图6所显示的是事件 O 和距 O 为 s 的所有事件 A 所形成的线。重点是，事件 A 对应的点不再位于圆上，而是位于一条双曲线上，这条曲线对数学家来说太熟悉不过了。从数学上讲，曲线上的所有点都满足距离方程 $s^2=(ct)^2-x^2$。请注意，随着距离的变大，曲线趋向于与轴成45°角的虚线。与加号公式完全不同，对于火箭飞船上的观测者，事件 A 总是在事件 O 的未来，进入不了 O 的过去。也就是说，每个观察者都同意我们在吃完早餐之前醒来。闵可夫斯基时空没有违背因果关系。我们的疑虑打消了。

确定时空类型是本书的重点，让我们重温下这个过程。若在勾股定理中把加号变成减号，以此来定义两个事件 O 和 A 之

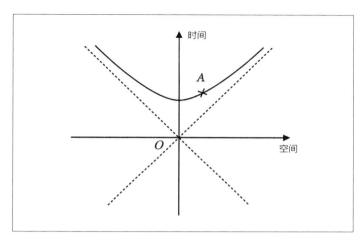

图 6

间的时空距离，那么观察者怎么看这两个事件？事件 A 只是在
一条双曲线上移动，永远不会进入事件 O 的过去。也就是说，
只要观察者确定事件 A 在 O 的未来，那么所有其他观察者也会
得出同样的结论。因为，双曲线从来没有穿过事件 O 的过去的
区域，每个观测者都会看到吃早餐是在醒来之后发生的。

　　我们完成了一个精妙的推理。这绝对不是说明我们最初的
假定是正确的，不是证明了有一个不变的时空距离，对此所有的
观察者能达成一致。这一推论过程实际上表明了，我们的时空距
离假定满足因果关系的要求，经受住了一次严苛的考验。然而，
仅仅运用数学推理，并不能完成工作。作为物理学家，在构建描
述世界如何运作的理论时，最终的成败由实验决定，是看理论能
否产生与实验相符的预测。现在去做预测，为时尚早。我们还不
知道这个标定速度 c 的值。如果不知道数值，怎么去计算呢？

　　请记住，我们需要 c 的数值，这样才有机会准确定义时空距
离，我们还需要同样的单位来表示空间和时间，到目前为止，c

代表什么，还不得而知。有什么速度与此相关吗？答案的关键就在闵可夫斯基时空中，我们刚刚构建了它，它里面有一个有趣的性质，就是那些45度角的线，非常重要。图7中，还画出了其他几条曲线，它们上面的点到O点的时空距离都相同，一共有4条这样的曲线。一个完全处于O的未来，一个处于它的过去，另外两个分别处在O的左边和右边。是否还记得，加号版本的勾股定理式公式给出一个圆，它因违反因果关系被抛弃了？而现在，这4条曲线构成的图形与这个圆相似，不免令人担忧，减号公式会和加号公式一样吗？是不是也要遭到放弃？不。有办法修复。图7显示一个事件B，它处在问题区域。不难看出，它在O的过去。然而，这个事件所在的双曲线横穿空间轴，这表明一些观察者会认为B事件发生在O的未来，而另一些观察者认为B事件发生在O的过去。别忘了，虽然观察者看到的时间距离和空间距离不相同，但他们每一个必须看到一样的时空距离。因此，好像是因果关系崩溃了，情况绝非如此。

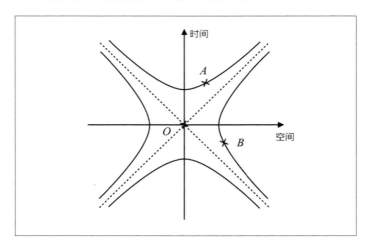

图7

64

在我们的时空理论中，如何恢复因果关系呢？再仔细地思考一下什么是因果关系吧。接下来的部分将涉及火箭飞船和激光，如果前面的推理让你筋疲力尽，你可以因此放松一下。再想想事件 O，它对应早上从床上醒来，或者，更准确点，对应我的闹钟闹铃响起。在这之前不久，半人马座阿尔法星系的一颗行星上，有一艘宇宙飞船已经升空，正朝向地球飞去。半人马座阿尔法星系距离地球只有 4 光年多，是距离地球最近的恒星系统。在我醒来之前，宇宙飞船就开始了它的旅程，每个观察者都同意这一点吗？从飞船开动和我起床有无因果关系来看，这个问题取决于信息是否可以无限快地传播。如果信息可以无限快地传播，外星宇宙飞船只要发射一束激光，便可瞬间射向地球，摧毁我的闹钟。结果是我睡过了头，错过了早餐。考虑到现在的处境，错过一顿早餐没什么可担忧的，毕竟在做一个思想实验，让我们忽略这点不快，不就是闹钟被外星人摧毁，我们急需解决手头上的事。宇宙飞船发射的激光使我错过了早餐，因此，在不违反因果关系的原则下，飞船开动和我起床不能交换顺序。是啊，如果有观测者能够得出结论，宇宙飞船是在我醒来后起飞的，那我在它起飞前就醒来了，也就不会因为激光睡过头。因此，不得不得出这样的结论：如果信息可以无限快地传播，为保证因果律，任何两个事件的时间顺序就永远不可颠倒。然而，这就暴露了我们之前推论的漏洞，它允许某些事件的时间顺序翻转，只要它们位于 45°线之外。看来这些线很重要。

让我们再想一遍外星人、激光和闹钟的事情，但这次它们受到宇宙上限速度的限制，也就是说，激光不再以无限快速度从宇宙飞船传到闹钟。为了节省笔墨，把激光发射的事件称为事件 B，如图 7 所示。如果在闹钟响之前，宇宙飞船远远地发射了激光（事件 B），那么它不可能阻止我醒来，因为激光束没有足够的时间从飞船抵达时钟，只要激光束的速度等于或小于宇宙上限速度。这种情况，事件 O 和事件 B 就不再有因果关系。

如图 7 所示，假设我们看到 B 发生在 O 之前，也就是 B 位于右边的楔形区域，因果关系的"危险"区域，对不同的观察者，B 发生在 O 之前还是之后呢？他们会得出不同的结论。因为双曲线穿过空间轴跨越过去和未来，他们的观点取决于双曲线上 B 的位置。尽管如此，因果关系仍然可以得到保护，只要事件 B 绝对不可能影响事件 O。也就是说，如果 B 和 O 不能相互影响，无论 B 发生在 O 的过去或未来，对任何事情都没有影响，谁还会在意它们发生的顺序呢？进一步讲，在闵可夫斯基时空中，45°线隔开了 4 个不同区域，如果我们要保留因果关系，只要保证任何发生在左侧或右侧楔块中的事件发射的信号达不到 O。

为了解释轮廓线，再看看时空图。时空图中，横轴表示空间距离，纵轴表示时间距离，因此，45°线上的事件到事件 O 的空间距离等于时间距离 (ct)。如果要影响正好位于 45°线上的事件，信号必须以多快的速度从 O 开始传播？如果事件在 O 未来的 1 秒后发生，那么信号必须传播 $c \times 1$ 秒的距离，如果它发生在未来 2 秒后，那么信号必须经过 $c \times 2$ 秒的距离。因此，信号必须以 c 的速度传播。然而，对于在 B 和 O 之间传播的信号，它的传播速度必须是快于 c 的速度。相反，对于位于 45°线之间但在上下楔块中的任何事件，在它们和 O 的事件之间进行通信时，可以使用传播速度慢于 c 的信号。

终于，我们解释了速度 c，它就是宇宙上限速度。没有什么能比它快，否则，信号传输过程就会违反因果规律。此外，对不同观察者，不管他们的运动状态，只要他们能对事件间的时空距离达成一致，那么他们也必须就 c 是宇宙上限速度达成一致。速度 c 还有另一个有趣的特性。无论不同的观察者如何移动，速度 c 的测量值必须相同。还记得本书的另一个特殊速度吗？光速！看起来，速度 c 很像光速。但我们还没有证明这种联系。

我们的推理栩栩如生。我们成功地建立了一个时空理论，看起来能够重现上一章中遇到的物理现象。宇宙上限速度的存在更是带来了希望，特别是我们可以把它解释为光速。我们还构造了时空，在里面，时间和空间不再是绝对的，我们放弃了时间和空间，取而代之的是时空的概念。为了确信我们构造的理论可以描述世界，让我们看看，我们能否应用它重现第三章动钟变慢的现象。

让我们回到熟悉的火车上，想象下，你坐在车窗边，戴着手表，这样用它测量相对于座位的距离和时间，就方便多了。假使火车花了 2 个小时从一个车站行驶到下一个车站，整个过程中，你从未离开过座位，那么你移动的距离 $x=0$。因为，就像本书一开始就确定的原则，不可能定义谁在移动，谁在静止不动。所以，相对于火车，你移动的距离为 0，就不难接受了。那么，对你来说，随着火车运行 2 小时，只有时间流逝，你仅仅在踏着时间的步伐旅行。在时空中，很容易确定你的旅行时空距离是 $s=ct$，其中 $t=2$ 小时（因为你测量的空间距离是 $x=0$）。若你的朋友不在火车上，而是坐在某个地方（其实他在哪里并不重要，只要当火车呼啸而过时，他相对于地球静止就好了），他看着自己的手表测量时间和火车相对于他的距离。为了简化问题，我们假定火车在笔直轨道上以 $v=100$ 英里／小时的速度行驶了 2 个小时。在旅途结束时，在你的朋友看来，你走了 $X=vT$ 的距离。对你朋友测量的距离和时间，我们用英文大写字母 X 表示，以便区别你测量的距离和时间（即 $x=0$ 和 $t=2$ 小时）。所以，相对于朋友，你旅行的时空距离是 $s^2=(cT)^2-(vT)^2$。

关键时刻到了，你必须和朋友就时空距离达成一致。根据你的观测，你没有移动（$x=0$），旅程用了 2 小时（$t=2$ 小时），而对你的朋友来说，你走了 vT（$v=100$ 英里／小时）的距离，旅程用时为 T。两个时空距离必须相等，即 $(ct)^2=(cT)^2-(vT)^2$. 对公式稍做变换，就可以得到 $T=ct/\sqrt{c^2-v^2}$。这说明，这段旅程，在你看来用了 2 个小时，可在你的朋友看来却延长了一点时间。时间延长的因子是 $c/\sqrt{c^2-v^2}=1/\sqrt{1-v^2/t^2}$。从这个公式看，只要把 c 看成光速，我们就得到了和上一章一样的结论。

爱奥尼亚式迷情，开始感觉到了吗？在上一章中，我们思考了光钟和三角形，从中推导出同样的公式。我们思考光钟是受到光速不变的启发，麦克斯韦出色地综合了法拉第及其同事的实验结果，他的归纳表明了这一点，即对于所有观察者，光速都是相同的。随后，这一点又在迈克尔逊和莫利的实验中得到支持。很明显，它也得到了爱因斯坦的重视。在这一章中，我们得出了完全相同的结论。在我们的方法中，光不具有特殊的角色，也没有提起历史或实验。相反，我们引入了时空的概念，并坚持事件之间存在不变时空距离的假定。接着，遵守因果关系，通过构建距离度量公式，最终得到了结论，这一结论与爱因斯坦的结论完全相同。在物理学中，数学具有神秘的有效性，这个推理可能提供了最好的例证。泰勒斯如此着迷，太监已经擦洗过驴奶浴盆，他已满怀期待地躺了进去。为了成就这场爱奥尼亚式迷情，还需要把美酒和无花果送进他的浴室，还需要抛开上一章的内容，找一个全新的角度确定 c 一定是光速。请泰勒斯稍作镇定，有关爱因斯坦理论的全新思考就要到来，迷醉的时刻将在下一章呈现，我们此时也可以从烦琐的数学中抽身，稍作休息。精彩就要到来，因为，正如闵可夫斯基所说，时空真的起作用了，它统一时间和空间，意义重大。

如何想象时空呢？它是四维的，给我们的想象力带来了障碍，想象超出三维的东西，大脑束手无策。另外，时间是一个时空的维度，听起来也很古怪。摩托车在乡间起伏的画面，可以帮助我们。时空就像起伏的乡村，道路纵横交错，摩托车手驾着车来回徘徊。在时空中，一个物体沿时间方向移动，我们把它类比为摩托车手向北行驶。仅沿时间方向移动，对应着在空间中是静止的，但"空间静止"是主观感觉。把"时间方向"类比为"正北"也是权宜之计，记住这一点。在时空中，道路纵横交错，却都被限制在北纬45°的方位角内；正东和正西的道路被禁止，因为要想沿着它们行驶，时空中的"摩托车手"必须跨过宇宙上限速度。这样想吧。如果摩托车手可以向正东行驶，那么他想走多远就走多远，根本不受任何时间限制，因为他没有在向北的时间方向行驶任何距离。这相当于以无限的速度穿越空间，瞬间从 a 到达 b。因此，时空道路拥有限制，它限制摩托车手快速向东或向西行驶。

进一步做类比，就能展示一幅时空中运动的图像，其中任何物体的时空速度都相同。假如摩托车手有一个特殊的装置，它可以固定油门，以至于，摩托车总是以同样的速度在时空中运动。请注意，我们所说的时空速度和行走在空间中的速度是不一样的，行走在空间中的速度可以取任何值，只要它不超过宇宙上限速度。例如，摩托车手选了一条靠近东北方向的路，这样他的速度就会更接近宇宙上限速度。相比之下，向正北方向的道路行进，不会产生向东或向西的距离，这条道路的速度也在极限速度内。然而，万物以相同的速度穿越时空听起来相当深奥，也容易产生困惑。也就是说，即便当你坐着读这本书时，你其实是和其他物体一样，在时空中呼啸而过。从这个角度看，空间中的运动只是某个时空运动的影子。我们下面说明，在某种意义上，你就是那个车手，开着固定油门的摩托车。你坐着不动，读这本书，其实就等同于固定油门沿着时间的方向，在时空中向北移动。看一下表，就会看到时间流逝的距离。听起来，这个类比有点奇怪，我们需要仔细研究下。

物体以相同的速度在时空中穿行，这是为什么呢？再次以摩托车手为例，假如他手腕上的手表运行了1s，那么他就运行了一段时空距离。就这段距离有多长，每个人必须达成一致，因为时空距离是普遍的，容不得争论。因此，只要询问摩托车手，他走了多远的时空，便可以得到正确答案。摩托车手可以相对于自己确定空间距离，也就是说，他没有产生空间距离，就像第一章中，坐在飞机座位上的人，相对于飞机，他没有移动。虽然相对于地面上看飞机的人，他移动了，但这不是我们讨论的重点。对摩托车手，他没有产生空间距离，只是时间上流逝了1秒。因此，对他来说，采用时空距离计算公式 $s^2=(ct)^2-x^2$ 来计算他在时空中走了多远。因为，$x=0$（因为他没有空间移动）和 $t=1$ 秒，所以时空距离等于 c 乘以 1 秒。摩托车手告诉我们，他的表上每走一秒，他就要行驶一段长为 c 的时空距离（乘以 1 秒）。这是他的时空速度等于 c 的另一种说法。你可能会反对说，1 秒的时间是在摩托车手的手表上测量的，对于其他人，那些相对于摩托车手运动的人，测量的时间会不一样。这是真的。但由于摩托车手相对于自己没有运动（一个微不足道的声明），在距离方程中 $x=0$，他的手表就非常特别，它上面流逝的时间是测量时空距离 s 的直接方法。因此，我们得到一个很棒的结论，摩托车手手表上流逝的时间等于所行驶的时空距离除以 c。他的表是测量时空距离的装置。时空距离和 c 对所有观测者都相同，所以摩托车手用手表测量的物理量，对所有的观察者都适用。所以，他得出的时空速度 c，所有观察者也都能够认同。

时空速度是一个普遍适用的量，对每个观察者都一样。这是一种新发现，一个思考事物在时空中运动的新方法，它可以帮助我们理解动钟变慢，并给这个问题一个新的思考方式。按照这种方法，时钟的时空速度是固定的，移动的时钟，因空间中的运动消耗掉了一部分时空速度，留给时间的部分就变少了。也就是说，它不能再像静止的时钟那样快地运行了，这是时钟运行变慢的另一种说法。相反，一个静止的时钟，在空间上没有运动，将会以 c 的速度在时间方向上飞驰而过。静止的时钟将尽可能快地运行。

有了时空概念的帮忙，我们便做好了准备，来思考狭义相对论的一个精彩谜案：双胞胎悖论。在本书的一开始，我们讲到爱因斯坦的理论打开了星际旅行的大门，它使我们能够思考星际旅行的可行性。加速到临近光速的速度，人类在有生之年可以抵达仙女座星系，尽管光需要将近 300 万年的时间才能抵达那里。这里掩藏了一个悖论。假设有一对双胞胎，一个是训练有素的宇航员姐姐，她开始了人类第一次驶向仙女座的任务，另一个是留在地球上的妹妹。宇航员姐姐相对于地球高速移动，因此，相对地球上的妹妹来说，姐姐的生命进程减慢。然而，本书中我们花了很大力气论证绝对运动是不存在的。这意味着，当别人问你"谁在运动"，你可以回答"你想谁就是谁"。任何人都可以决定自己是站着不动的，是另外一个人相对于自己在宇宙中呼啸而过。对宇航员姐姐也是这样，她可以毫不顾忌地说，她站在自己的太空火箭里，是静止的，是地球高速飞走。因此，相对于姐姐来说地球上的妹妹衰老得更慢。谁是对的呢？对于这对双胞胎，对方都会比自己老得慢，可能吗？嗯，理论告诉我们必须是这样。现在悖论还没有出现。双胞胎中的一个观察到另一个衰老得慢，只会导致一些信仰的问题。它们是由于你太执着于普遍的时间观念导致的。但是时间不是普遍的，我们已经学到了，所以也根本没有矛盾。如果宇航员姐姐在未来的某一时刻返回到地球，悖论就出现了。当她与地球上的妹妹相遇，会发生什么？显然，她们都比另一个年轻，是不可能的。怎么回事？其中一个真的比另一个老吗？如果是，那么是谁呢？

答案就在我们对时空的理解中。图 8 展示了双胞胎在时空中的路径，是用相对于地球静止的时钟和尺子测量的。妹妹留在地球上，她的路径沿着时间轴蜿蜒而行。也就是说，她的时空速度都花在了穿越时间上。另外，宇航员姐姐以接近光速的速度飞去。根据骑摩托车的比喻，她向"东北"方向出发，用尽可能多的时空速度，以接近宇宙上限速度穿越太空。如图 8 所示，在时空图上，姐姐朝接近 45°方向运动。然而，在某个时刻，她转身驶向了地球。如图中显示，她再次以接近光速返回，但这次是朝着"西北"方向运动。显然，这对双胞胎在时空中在同一点开始和结束，但走的是不同的路径。

像空间中的道路一样，时空中两条路径的长度也可能不一样。强调一下，尽管所有观察者都必须就时空中任何特定路径的长度达成一致，但不同路径的长度可以不相同。打个比方，从夏蒙尼[i]到库马约，可以穿越勃朗峰隧道到达，还可以徒步翻过阿

---

i 夏蒙尼在法国阿尔卑斯山附近。这个高山山谷小镇是夏蒙尼勃朗峰的正式通道，是通往著名的勃朗峰（Mont Blanc）及其周边地区的门户。

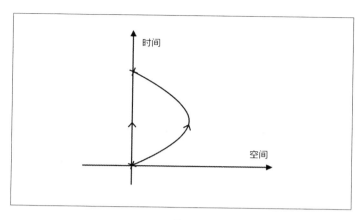

图 8

尔卑斯山，但两条路的长度不一样。穿过山脉要比穿过隧道走更长的路。在摩托车手时空之旅的例子中，我们已确定，摩托车手手表上的时间提供了一种方法，来直接测量他所行驶的时空路径的长度。只需要将流逝的时间乘以 c 即可得到时空路径的长度。反过来讲，一旦我们知道了这一对双胞胎所走过的时空距离，就可以计算出双胞胎各自度过的时间。也就是说，我们把这对双胞胎都看成了穿越时空的旅行者，各自手表测量的时间对应着行走的时空距离。

重点来了。再看看时空距离的公式 $s^2=(ct)^2-x^2$，你会发现，若沿着 $x=0$ 的路径走，时空距离是最大的，任何其他路径都比它短。因为必须减去（总是正的）x^2 的贡献。因此，地球上的妹妹沿着时间轴蜿蜒前行，x 接近于 0，所以她的时空路径是最长的路径。实际上，这里我们已经得出了另一种表述：地球上的妹妹在时间中以尽可能快的时空速度旅行，所以她年龄更大。

讨论到现在，我们的解释都是相对于地球上的妹妹做出的。为了彻底打消疑虑，确信没有悖论发生，我们从宇航员姐姐角度看待这一切。对姐姐来说，地球上的妹妹是一个星际旅行者，而她沿自己的时间轴蜿蜒前行。似乎悖论又回来了。既然宇航员姐姐相对于她的飞船是静止的，那么她似乎应该以最大的时空速度通过时间，因此姐姐年龄更大。然而，这里有一个微妙的环节。当我们使用宇航员姐姐的时钟和尺子来测量距离和时间时，距离方程就不适用了。更准确地说，当宇航员姐姐调转宇宙飞船加速时，距离方程就失效了。为什么会失效呢？我们的推理过程不是滴水不漏吗？但是，像宇航员姐姐那样，在一个加速系统中，当使用时钟和标尺进行测量时，时空不变的假设和用来计算时空距离方程的假设都是错误的。就像开汽车时，猛踩油门踏板，你被推回座位一样，在飞船加速时，宇航员姐姐也会被推回她的座位上。时空中又有了一个特殊方向，加速度方向。时空距离公式必须考虑到这种力的存在，这是之前公式里存在的漏洞。考虑加速力的时空距离公式太复杂了，我们无法深入探讨它的细枝末节。但是结论很明确，当宇宙飞船掉头时，对宇航员姐姐来说，地球上的妹妹会迅速变老，增加的年岁弥补了妹妹在非加速阶段减缓的年岁。因此，不存在悖论。

不妨引用一些数字，算下加速过程导致的影响，结果将令你大吃一惊。如果发射的火箭维持"1g"的加速度，这样飞船上的人感觉最舒适，他们能在飞船里感受到自己的重量。现在想象这样一段旅程，飞船以"1g"的加速度加速 10 年，然后，以同样的速度再减速 10 年，接着调头返回，再以"1g"的加速度加速 10 年，然后减速 10 年到达地球。这段路程，太空船上的旅客总共花费了 40 年，地球上过去了多少年呢？因为数学（只有一点点）超出了这本书的水平，我们只给出结果，结果是 59000 年，一个惊人的 59000 年将在地球上飞逝！

阅读本书是一个非凡的旅程，我们希望读者已经进入了时空的世界。我们马上要前往 $E=mc^2$。借助时空的概念和时空距离不变性的定义，我们提出了一个简单但非常重要的问题：现实世界里，还有其他不变量也能描述真实物体的特性吗？当然，时空距离并不是唯一重要的东西。物体有质量，物体还可以是硬的或软的，热的或冷的，固体，液体或气体。物体存在于时空中，有没有可能通过不变性描述世上的一切？这条道路直通 $E=mc^2$，并产生深远的影响。在下一章你就可以发现。

第五章　为什么 $E=mc^2$

在上一章中，我们讲述了一个富有成效的想法：将空间和时间合并成一个叫作时空的整体。我们找到了时空的根本特性，对整个宇宙来说，事件的时空间距都相同。这种事件间距的不变性是问题的核心。依据时空本性，我们重新推导出了爱因斯坦的理论。但是在推导过程中，我们把宇宙上限速度与光速画了等号，却没有给出证明。本章将探讨光速更深奥的含义。其实，我们已经开始了这项工作，在一定意义上掀开了光速神秘的面纱。光速出现在 $E=mc^2$ 中，因此，在宇宙构造中起到了重要作用。事实上，它在时空理论中没那么与众不同。时空让万物平等，你、地球、太阳和遥远的星系，一切的事物都以相同的时空速度穿行。对光来说，只不过是它的空间运动部分占有了全部的时空速度，由此，光以宇宙上限速度在空间中运动。也就是说，光之所以显得特殊，是因为我们的主观倾向，我们更容易将时间和空间视为不同的事物。那么，为什么光的空间运动占有了全部的时空速度？确实有这么一个理由，它还与我们理解 $E=mc^2$ 的目标有密切的联系。

$E=mc^2$ 是一个方程。我们一直强调的是，物理学家用方程来表示物体之间的关系，它们既高效又强大。对于 $E=mc^2$，它表示能量（E）、质量（m）和光速（c）这些"事物"之间的关系。一般来讲，方程中的事物可以代表现实物质，如波或者电子，也可以代表更抽象的概念，如能量、质量和时空间距。正如我们前面看到的，物理学家对方程提出了很严格的要求，他们坚信方程应该对所有人都保持不变。这个要求近乎苛刻，很难永远恪守。若某一天，我们不得不打破它的限制，这将给现代物理学家带来一场震惊。毕竟，自从 17 世纪现代科学诞生以来，物理方程的不变性一次次地发挥作用。

然而，一个优秀的科学家必须承认大自然的威力，它会随时让我们猝不及防，丧失理想，这点被一再证明。然而，目前，"普遍相同"的理想还未被打碎，它仍然完好无损。前面，这种理想被简单地表述为：物理定律应该由不变量来书写。今天，已知的基本物理学方程都满足这一要求，它们以此给出了时空中物体之间的关系。这到底是什么意思呢？什么是时空中的物体？这样讲吧，任何物体都被假定存在于时空中，所以，当我们写下一个方程时（例如，一个描述物体如何与其环境相互作用的方程），我们必须采用不变量来表达方程的数学形式。只有这样做，方程才能得到每一个观测者的普遍认可。

拿一条绳子的长度来举例吧，这个例子应该不错。根据前面所讲，对于一条绳子这个实实在在的东西，它的方程不应该只包含空间长度。我们应该有点野心，去遵循处理时空问题的方式，研究它的时空长度。当然，物理学家生活在地球表面，用方程来表示空间长度和其他类似事物之间的关系更为方便。并且，工程师早已证明这样做就可以处理很多问题。那么，该怎样正确看待一个只使用空间长度或钟表时间的方程呢？对于日常工程问题，相对于宇宙上限速度，物体移动得非常慢（但不全是），我们可以把这些方程看作近似。粒子加速器就是前面遇到过的一个反例，亚原子粒子在加速器中以临近光速的速度做圆周运动，结果寿命得到了延长。如果不考虑爱因斯坦理论的作用，粒子加速器将变得不正常。基础物理学探索基本方程，意思是说它们研究具有时空普适性对象的数学表达式。旧的空间观导致了一种看待世界的方式，那就是类似于观看舞台剧时只看聚光灯投射到舞台上的影子。真正的戏剧涉及演员三维的活动，而影子则捕捉的是戏剧二维的投影。随着时空概念的出现，我们终于能够将目光从阴影中移开。

有关时空事物的讨论，尽管很抽象，但是很有实际意义。我们已经遇到了这样一个"在时空中，具有数学表示形式的普遍性概念"——两个事件的时空距离。然而，不止这一个。

在挑战一种新的时空事物之前，我们先退后一步，回到日常生活中，去认识一下它的三维对应物。读到这里，不难发现，对自然界的合理描述都会用到距离的概念，距离的特殊之处在于，它只需要一个数字来表示。例如，从曼彻斯特到伦敦的距离是 184 英里，从脚底到头顶（身高）的距离大约是 175 厘米。数字后面的词（厘米或英里）用来表示计数距离的方式，有了它们，只要再给出一个数字就可以。从曼彻斯特到伦敦的距离给出一些信息，使你能够计算出要加多少油，汽车才能跑完旅程，但是，我们还需要地图来确定出发的方向，否则可能会南辕北辙，开到诺维奇[i]去。

为了解决这个问题，可以建造一个长 184 英里的巨型箭头，把箭头底端放在曼彻斯特，顶端放在伦敦，显然这个方案异想

---

i 诺维奇（Norwich）是英国英格兰东部城市，西南距伦敦 145 千米。

天开。然而，物理学家常常拿箭头描绘世界，对他们来说，若某个东西既有大小又有方向，那么箭头再好用不过了。摆放巨大的曼彻斯特—伦敦之箭，让它指向正确的方向，它才能发挥作用，否则我们还会走错方向，去了诺维奇。箭头既有大小又有方向的意思就在于此。天气预报员给我们展示了应用箭头的另一个例子，在预报中，他们用箭头来说明风向。不断转向的箭头捕捉着风的特性，它们清晰地显示着地图上各点处风的方向和速度，箭头越长，风就越大。这种可以用箭头表示的物理量，物理学家把它们称为"矢量"。如，天气图上显示的风速和巨大的曼彻斯特—伦敦箭头，它们只需要两个数字来描述，属于二维矢量。例如，对于40英里每小时的东南风，天气预报员只需一个二维箭头就可以展示整个情况。二维箭头不能表示空气是向上还是向下移动，以及上下移动的程度，但当我们谈论天气时，也不关注这些。

除了二维矢量，还有三维或大于三维的矢量。回到我们从曼彻斯特到伦敦的旅行计划，若旅程的起点是一个老村子，位于曼彻斯特以北的潘宁山上，那我们的箭头必须稍微向下一点，因为轮渡位于泰晤士河的河岸边，几乎与海平面持平。我们生活在三维空间中，里面的矢量用三个数字来描述。讲到这里，你可能已经猜到了，矢量也可以存在于时空中，它们用四个数字来描述。

在通往 $E=mc^2$ 的征程上，还剩有两个环节，我们逐一展示。理所当然，第一部分就是我们感兴趣的四维时空矢量。说起来容易，可是仔细琢磨一下，也很奇怪，矢量不但可以指向"北"了，还可以指向"时间方向"。我们无法在脑海中描绘"时间方向"的矢量，正如我们在谈论时空概念时，无法绘制时空图像一样，这是我们的问题，与大自然无关。在上一章中，我们把时空比作乡村地形，这可以帮助我们在脑海中建立时空画面（这一简化时空至少可以涵盖空间的一个维度）。四维矢量由四个数字表示，比较典型的是连接时空中两点的矢量。图 9 给出了两个例子。其中，一个直接指向时间方向，并且两个矢量都从同一点开始，这样做方便我们下面的分析。一般来讲，不难想象，时空中任意两点都有一个箭头把它们连接起来。时空中的矢量没有想象的那样抽象。例如，晚上 10 点睡觉，早上 8 点醒来，就定义了一个表示时空矢量的箭头，它的长度是"10 小时乘以 c"，方向指向时间方向。这样看来，整本书一直在用时空矢量，只是没有明确它的名字。例如，回忆下勇敢的摩托车手驾驶的场景，他踩着油门在时空中前行，这里就隐藏着一个重要的矢量。不难发现，现摩托车手在时空中总是以 c 的速度行驶，他唯一能做的是调整摩托车前行的方向（尽管他不能随心所欲，因为方向被限制在北纬 45° 以内）。我们可以引入一个矢量来表示他的运动状态，这个矢量有固定的长度 c，它的方向指向车手在时空中运动的方向。这个矢量有专门的名字，时空速度矢量。用专业术语来说，时空速度矢量的长度只能取 c，方向也只能指向未来光锥。在这里，光锥是指夹在两条 45° 线内的区域，这两条线守护着因果关系。这样，通过指定矢量的时间分量和它的空间分量，我们就可以确定时空中的任何一个矢量。

现在，我们已经知道，时空的观察者做着相对运动，他们的速度互不相同，因此，在测量事件间距时，每一个观测者测的时间间距和空间间距也不相同。但无论时间距离和空间距离如何随观测者变化，事件的时空间距保持不变。根据闵可夫斯基几何特性，时空矢量尖端随不同的观测者在一条双曲线上移动，当然双曲线在未来光锥中。具体说来，如果这两个事件分别是"晚上 10

点睡觉"和"早上 8 点起床",那么对于床上的观察者,他的观测结论是时空距离矢量方向指向时间轴,长度是时间(10 小时)乘以 c,如图 9 所示。而对于高速飞行的人来说,躺在床上的人和床一起运动,高速飞行的人就要给床上的人加点空间运动,因此,时空距离矢量的尖端将偏离时间轴。同时,由于箭头的长度不能改变,箭头尖端必须保持在一条双曲线上,如图 9 中的第二个倾斜箭头。你会看到,时空矢量在时间方向的分量增大了,快速运动的观测者会因此得出这样的结论:从一个事件到另一个事件经历了更多的时间(即快速运动的观测者测量的时间超过 10 个小时)。这里给出了一种新方法,说明了奇妙的时间膨胀效应。

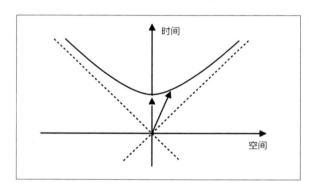

图 9

对于矢量,我们先讲这么多(我们马上还会回来,因为过会就要用到时空速度矢量)。接下来,要花上几段来完成 $E=mc^2$ 拼图的第二个关键模块。请把自己想象成一个物理学家,正在研究宇宙的运转机制,你很了解矢量的知识,还不用它书写数学方程。假设有人,比如你的同事,告诉你一个特殊的矢量,不管所在的宇宙环境如何变化,它永远不会改变。对此,你可能毫无兴趣,因为如果矢量没改变什么,那么它就跟宇宙运转没多大本质联系。但如果你的同事进一步告诉你，这个特殊的矢量是由一组其他矢量相加而构成的，并且每个矢量都与事物的不同部分相联系，那么你肯定会对此感兴趣，因为这正是你试图理解的事情。物体的各个部分变动不已，每个分矢量随之改变，但它们总遵循一种方式，分矢量之和永远相同，不会改变，以此它们构造了一个特殊矢量。你可能对矢量相加表示疑惑，但随后会看到，这也不是什么难事。

我们用一个简单任务来说明不变矢量的妙处。我们去探索当两个台球迎面相碰时会发生什么。拿台球举例显得有点微不足道，但物理学家偏偏选取这些平常的例子，这不是因为他们只关心这些简单的现象，也不是因为他们喜欢打台球，而是因为概念常常最先从这些简单的例子中被提出来。回到台球问题。按照你同事的说法，给两个台球各赋予一个矢量，矢量的方向指向球运动的方向，然后，将两个矢量相加，就可以得到这个特殊的不变矢量了。这里所讲的不变矢量意思是指，无论两个球如何碰撞，我们都可以确定碰撞前两球的和矢量等于碰撞后两球的和矢量。这一特殊矢量严格限制了碰撞的可能结果。这个见解非常有价值。我们的同事进一步声称，"这类矢量的守恒"适用于台球碰撞、恒星爆炸，甚至宇宙中的每一个体系。这当然会给我们留下深刻的印象。当然，物理学家肯定不会一直处处宣称这些矢量为特殊矢量，他们把它称为"动量"，相应地，把这类矢量的守恒称作动量守恒。

还有几个小问题没有解决：动量之箭有多长？如何把它们加起来？矢量的加法很容易，将每一个箭头首尾相接，这就是规则。然后，将第一个箭头的起点与最后一个箭头的终点用一个新的箭头相连，这个新的箭头就是和矢量。图10显示了任意三

个箭头相加，大箭头是其
他三个小箭头的和。至于
动量矢量的长度，我们可以
用实验来确定，从历史中可
以找出这种方法。动量概
念的效果源远流长，可以追
溯到 1000 多年以前。简单
来说，它可以表示不同的撞
击效果，如被网球撞击和
被时速 60 英里的特快列车

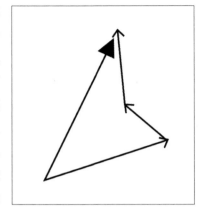

图 10

撞击的区别。以前的讨论表明，它跟速度相关，刚才的例子又表
明它和质量有关。其实，在爱因斯坦以前，动量的大小就是物体
质量和速度的乘积。此外，动量是个守恒量，这是现代物理的观
点。我们前面讨论了艾米·诺特的工作，动量与之密切相关，基
于她的工作，我们了解到了动量守恒定律和空间平移不变性之间
的关系。用符号来表示的话，当质量为 m 的粒子以 v 的速度运
动时，它的动量大小为 $p=mv$，其中，p 就是常用的动量符号。

直到现在，我们竟然还没讲质量到底是什么。让我们着手
详细谈论这个问题。质量是物质含量多少的量度，这是它的一个
最直观的概念。两袋糖的质量是一袋的两倍，以此类推。如果不
嫌麻烦的话，拿一个老式天平和一袋标准重量的糖，那么就可以
对大部分物体进行称重了。过去杂货店就是这样做的，如果要买
1 千克土豆，把土豆和 1 千克糖分别放在天平的两端，只要天平
平衡，那么土豆就是 1 千克，没有人会对此产生怀疑。

然而，物质的"含量"有许多不同类型，因此"含量的多
少"表述不准确。这里给出一个更好的定义，通过重量来测量物

体的质量，越重的物体，质量就大。这样定义质量就简单明确了吧？是，也不是。在地球上，可以通过称重来确定物体的质量，如浴室中的体重秤。大家都熟悉重量的单位，如千克和克（或磅和盎司）。科学家可不认同我们的日常做法。人们之所以把重量混同于质量，是因为，在地球表面做测量，质量和重量是成正比的。很容易想到，若把浴室里的体重秤搬到月球上所发生的事情，这时，与在地球上相比，你的体重将只有地球上的1/6。但质量没有改变，两倍的质量仍对应两倍的重量（重量与质量仍成正比关系），改变的只是质量和重量之间的比率。

质量的第三种定义来源于这样的事实，质量更大的物体需要更多的推力才能动起来。自然的这一特性由 $F=ma$ 这个数学公式表示。1687 年，这个公式首先出现在艾萨克·牛顿的《自然哲学的数学原理》中。它算是物理学中第二著名的方程式了（排在 $E=mc^2$ 之后）。根据牛顿定律，用一个 F 的力推物体，物体开始加速，加速度为 a。在牛顿定律中，m 代表质量，它可以通过实验测算出。如，设定某个物体一个加速度，测量出需要的力，就可以计算该物体的质量了。这个定义不错，我们会一直使用。如果你继续担心"力"的准确定义，这很好，说明你有一个批判的头脑。有关力的定义，这里不做深入探究，只要知道如何测量推力和拉力就够了，力的概念就蕴含在推拉之中。

已经离题太多了，虽然我们没有深入探讨质量是什么，却已经差不多到"教科书"水平了。在后面的第七章中，我们将专门深入认识质量的起源，在这里我们只需要假定质量是物体的固有属性，它就在"那里"。也就是说，时空中有一个大家叫作质量的物理量，是一个不变量，对所有的观测者都相同。我们没有提出任何令人信服的证据，来说明这个物理量就是牛顿方程中的质量。然而，与许多其他假定一样，当我们基于它推出可检验的结果时，它的有效性等特性将受到检验。让我们回到台球问题。

假定两个台球迎面相撞，如果它们的质量相同，速度也相同，那么它们的动量矢量长度相等，方向相反。若把它们的动量加起来，动量就会完全抵消。两球碰撞后，动量守恒定律告诉我们，台球将以相同的速度朝相反的方向弹开。如果不是这样，就会有多余的动量不能够被抵消，与动量守恒不符。前面已经指出，动量守恒定律并不仅仅局限于台球问题。它非常重要，整个宇宙无处不在。火炮射击炮弹后的反冲运动，或爆炸时碎片四散的过程都满足动量守恒定律。也许，我们应该多讨论下爆炸问题。

大炮开火前，炮筒静静矗立在城堡上，炮弹停在炮筒内，大炮的动量为零。然而，当开火时，炮弹高速射出，炮身却稍微后坐，看起来几乎没动一样，这伤不到城堡里的士兵，他们很幸运。炮弹的动量用动量矢量箭头来表示，箭头长度等于炮弹的质量乘以它的速度，方向指向它飞离炮筒的方向。由动量守恒定律，炮身必须有一个反冲动量，它的矢量长度与炮弹的相等，但方向却是相反的。因为炮身比炮弹重，炮身后坐的速度就小得多。大炮越重，后坐越慢。所以，大而慢的物体和小而快的物体可以有一样大的动量。可是，炮身和炮弹最终都要因减速而停止运动（并因此失去动量），各种球类也因重力作用而改变其动量。但这些并不能说明动量守恒出了问题。如果考虑空气分子，考虑炮弹和炮身轴承内的分子碰撞所产生的动量，考虑在重力与球相互作用时，地球动量的微小变化，那么所有物体的总动量仍然是守恒的。然而，当存在摩擦和空气阻力等因素时，物理学家通常无法追踪所有动量的去向。因此，动量守恒定律的使用范围会变窄一些，它通常只在外部影响不重要时才适用。但这不应丝毫减损动量守恒定律作为物理学基本定律的地位。我们看看能否用它解决掉台球问题，这个问题已经在蠢蠢欲动了。

为了简化台球碰撞问题，我们只考虑台球，而忽略摩擦力的影响。即便如此，知道球在碰撞前的质量和速度，只采用动量守恒也计算不出台球碰撞后的速度。动量守恒定律很有意义，但并非万能。对此，我们需要引入另一个非常重要的守恒定律。

我们首先回忆动量守恒的重要思路。运动物体可以用动量矢量来描述，物理学家提出在任何时候所有动量矢量之和都保持不变。动量的这种守恒特性引起物理学家的极大兴趣。如不采用"动量"这个词，表述起来就更别扭了，总不能说"守恒的箭头"吧。本书一开始就揭示，在物理学中，守恒量很常见，也很有用。你掌握的守恒定律越多，在解决问题时，就越容易找到办法。在所有的守恒定律中，有一个更为突出，因为它有着广泛的用处。在 17 到 19 世纪漫长的研究过程中，工程师、物理学家和化学家慢慢地发现了它。它就是能量守恒定律。

首先，能量比动量更容易理解。和物体拥有动量一样，物体也拥有能量。但能量与动量不同，它没有方向。看起来，它更像温度，一个数字就足以说明它。那么，什么是"能量"？怎么定义它？又怎么测量？对于动量，回答这些问题很容易，动量矢量方向指向运动方向，长度等于质量和速度的乘积。相比动量，能量就不太容易确定了，它可以伪装成许多形式。不过我们已经清楚一条规则，即能量的总和保持不变，任何过程，任何情况都是这样。诺特再一次给出了更深刻的理解。能量守恒深层原因是物理定律不随时间而改变。显然这不能简单地理解为"什么也没有发生"，这样理解就太简单了。相反，这意味着如果麦克斯韦方程组此时成立，那么以后也应该成立。麦克斯韦方程组是这样，爱因斯坦的假设也是这样，任何基本的物理定律都是这样。

和动量守恒一样，起初，能量守恒也是通过实验发现的。在工业革命历史长河中，能量守恒的发现是一个蜿蜒曲折的过程。它的起源与许多实验科学家的工作相关，在追求工业发展的过程中，这些实验科学家发现了各种现象，有机械的，有化学的。如，巴伐利亚"不幸的拉姆福德伯爵"[Count Rumford，本名本杰明·汤普森（Benjamin Thompson），1753 年生于马萨诸塞州]，他的工作是为巴伐利亚公爵制作大炮。在钻孔时，他发现金属大炮和钻头变热了，并正确推测出是钻头的转动通过摩擦转化成了热量。蒸汽机恰好相反，在蒸汽机中，热量转化为火车车轮的转动。看来，热和转动这些看似不同的量可以互换，因此，可以很自然地想到一个统一的量把它们联系起来。这个量就是能量。拉姆福德不幸之处在于，他娶了安托万·拉瓦锡（Antoine Lavoisier）的遗孀。拉瓦锡是另一位伟大的科学家，在法国大革命中被送上了断头台。当时，拉姆福德误以为她会像对待拉瓦锡那样对他，为他尽职尽责地记笔记，像一个18 世纪的模范妻子，温顺贤良。事实并非如此，库尔特·门德尔松（Kurt Mendelssohn）写有一本精彩的书，《绝对零度的探索：低温物理趣谈》（*The Quest for Absolute Zero*），在书中它揭示了事实真相。书中写到，拉瓦锡夫人只是顺从于拉瓦锡钢铁般的意志，她还给拉瓦锡带来了"地狱般的生活"（这本书写于 1966 年，书中有许多逸闻趣事）。但我们更关注能量守恒这件事，能量因为守恒才变得更有意思。

若上街去问人什么是能量，可能会有些合理的回答，但大多情况下是时髦的无稽之谈。"能量"是一个经常使用的词，在日常用语中有着丰富的含义。因此，必须明确指出，能量有一个精确的定义，它跟莱伊线[i]，水晶疗愈，死后的生命，或转世无关。相反，对一个明智的人来说，能量可能存储在电池中，它在那里等待着，直到有人"搭建好电路"；它还可能是运动的一个量度，速度快的物体含有的能量比速度慢的物体多。也许，海洋或风中储存的能量也是不错的例子。或者，你可能曾了解到较热的东西比较冷的东西含有更多的能量。再者，发电站内巨型飞轮里的能量不断被投放到国家电网中，以满足人们对能源的急迫需求，同样，能量还可以指从原子核内释放出来的核能。生活中，我们会遇到许多能量形式，以上只是其中的一些。物理学家对这些能量进行量化，并确保任何物理过程中总能量保持不变，实现能量的收支平衡。

让我们回到台球碰撞的例子，看看能量守恒在这个简单的过程中所起到的作用。碰撞前，每个台球都会因其运动而具有一定的能量，物理学家称这种能量为动能。在《牛津英语词典》（*Oxford English Dictionary*）中，"运动的"一词被定义为"由于运动或由运动产生的"，因此，"动能"这个名字很恰当地描述了类似于台球运动的能量。之前，我们假定质量相同的球一开始以相同的速度运动，由于动量守恒，两球碰撞后将以相同的速度向相反的方向运动。现在，仔细观察不难发现，碰撞后反向运动的速度比撞击前的要慢一点。原因是，在碰撞过程中，部分能量被耗散了。其中，最明显的耗散是由声音引起的，当两球碰撞

---

i 传说是在地球上的某些点，能产生"精神能量"共鸣。（原书注）

时，它们搅动周边空气分子，形成的扰动传导到我们耳朵里，产生声音。结果导致一部分能量泄露出去，分给台球的能量便减少了。知道动能的数学表达式会有所帮助，但对于阅读本书来说，并不是必不可少。实际上，完成这段旅程，我们不需要知道如何量化不同形式的能量。当然，对于读过高中程度科学的人来说，动能的表达式 $E=\frac{1}{2}mv^2$ 已深深地烙在脑海中了。但在这里更重要的是，要认识到能量只需要一个数字来量化，要认识到系统的总能量始终保持不变。

现在，让我们回到正题。我们已经引入了动量，它是一个由箭头描述的量，并且和能量一样，它还是一个守恒量。这一切看起来都很好，却暗藏困难。因为，前面所讲的动量只是日常经验中的三维矢量。它的方向反映物体运动的方向，物体在空间中可以向任何方向运动，相应地，动量可以指上、指下、指东南或是指向空间中的任何其他方向。然而，把空间和时间孤立起来的倾向是错误的，这是我们上一章重点揭示的。因此，我们需要指向时空的四维箭头；否则，将永远无法建立满足爱因斯坦要求的基本方程。我们重申一下：基本方程应该根据时空中的事物建立起来，而不是根据空间或时间中的事物，因为，空间或时间中的事物有主观成分。这种主观性是指，物体在空间中的长度和两个事件之间的时间间隔随着观察者的改变而改变。同样，传统的动量也具有主观性，它是指向空间某处的箭头。究其根本，对时间的偏见导致了这一切。那么，时空的概念是否预示着旧的物理学基本定律的崩溃呢？的确如此，时空结构播下了摧毁它们的种子，同时展现了新的方向。它表明，我们需要找到一个不变的量，用来取代旧的三维动量。关键是，请记住这个不变量确实存在。

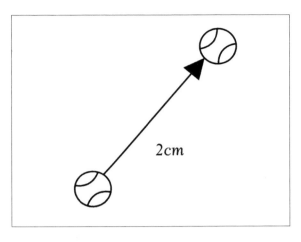

图 11

首先，让我们来揣摩下三维动量矢量。如图 11，箭头表明当球在桌子上滚动时它移动的量[i]。更准确地说，假设中午的某个时刻，球在箭头的一头，2 秒后运动到了箭头的另一头。如果球每秒移动 1 厘米，则箭头长度为 2 厘米。那么，我们很容易得到动量矢量。它同样用箭头来表示，方向与图 11 中箭头的指向完全相同，长度等于球的速度（在这个例子中是 1 厘米每秒）乘以球的质量。进一步假定球的质量为 10 克，那么物理学家会算出球的动量矢量的长度为 10 克厘米每秒（他们会把这个动量缩写为 10 克厘米／秒）。这样，我们引入了更抽象的变量，来替代特定的质量和速度。当然，我们不会变成学校里的数学老师。不过，如果用 Δx 替换箭头长度，Δt 替换时间间隔，m 替换球的质量（本例中 Δx=2 厘米，Δt=2 秒，m=10 克），那么，动量矢量的长度就可以简单地表示为 $m\Delta x/\Delta t$。在物理学中，希腊

---

i　并不一定特指一个球，可以是任何物体。

符号 Δ（发音为"delta"[i]）是很常见的，用来表示"差"。例如，Δt 代表时间上的差值或两个事物之间的时间间隔，Δx 代表物体的长度差，对于现在讨论的问题，它代表球始末位置之间的空间距离。

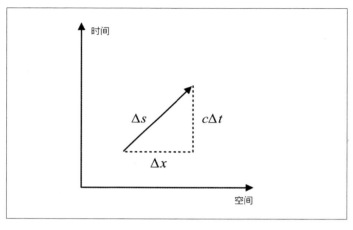

图 12

在三维空间中，成功构建球的动量矢量，还不是最令人兴奋的事。让我们勇往直前，去构建一个时空动量矢量，那才叫刺激。构建时空四维动量的方法，类似于三维情况中的方法。唯一需要保证的是，这个新的量必须是一个时空不变量。

我们从四维时空箭头出发，如图 12 所示，箭头的一端表示某一时刻球的位置，箭头前端表示一段时间后球的位置。箭头的长度由闵可夫斯基的时空距离公式即 $(\Delta s)^2 = (c\Delta t)^2 - (\Delta x)^2$ 来确定。请注意，Δs 是普遍的长度，对每个人来说是唯一的（Δx 或 Δt 绝对不是这样）。因此，在定义时空动量时，必须使用 Δs 来

---

i　中文读音：德尔塔。

替代 Δx，那么用什么来代替时间间隔 Δt 呢？（请不要忘记，我们现在所做的事情是定义四维动量，来代替 $m\Delta x/\Delta t$）问题的关键是，Δt 不是时空不变量，它随观察者的变化而改变，不适用于四维动量的定义，我们不能使用它。该怎么办呢？若不使用 Δt，我们该采用什么方式划分时间箭头并确定球的时空速度呢？

四维动量要优于三维动量。同时在物体的速度远小于光速时，旧的动量与新的动量应近似相等。因此在构造四维动量时，必须用时空箭头长度除以一个与时间间隔类似的量。否则新的四维动量将与三维动量出入太大，不能满足近似关系。因为时间间隔的单位是秒，我们寻找的物理量的单位应该也是秒。从时空不变量、光速和距离 Δs，可以看出只有一种组合的单位是秒，即箭头的长度（Δs）除以速度 c。因为，Δs 以米为单位，速度 c 以米每秒为单位，所以 $\Delta s/c$ 以秒为单位。$\Delta s/c$ 一定就是我们需要的那个类似时间间隔的量，我们别无选择，它是唯一具有秒的单位。我们继续把 Δs 除以时间 $\Delta s/c$，答案很简单，是 c（这里的数学计算类似于 1 除以 ½ 等于 2）。换言之，在四维时空中，宇宙上限速度 c 类似于三维时空动量公式中的速度。

我们对此应该很熟悉，这并不奇怪。我们所做的只是计算了一个物体（在我们的例子中是一个球）在时空中的速度，发现它是 c。上一章中，在考虑摩托车手在时空景观上运动时，我们得出了完全相同的结论。本章，我们做了更多的工作，我们发现了一个时空速度矢量，物体在时空中运动时，它的速度长度总是 c，方向指向它在时空中运动的方向。这一速度将用于四维动量的定义。

将时空速度乘以质量 m，得到一个长度总是等于 mc，方向指向物体在时空中运动方向的矢量，我们就完成新的时空动量箭头的构造。乍一看，这个新动量有些单一，它在时空中的长度一成不变。看起来，我们似乎什么都没做。请不要动摇。我们还不清楚刚刚构造的时空动量与三维动量的任何关系，这一关系是否对新时空观有用，还有待考察。

我们现在观察下新的时空动量的时间方向分量和空间方向分量，以便更深入研究这一问题。我们需要一点数学知识，这不可避免，我们向不懂数学的读者表示歉意，我们保证放慢脚步。请记住，略读公式得到精华，永远是一个不错的选择。虽然数学论证更具有说服力，但不必去抠它的细枝末节。对熟悉数学的读者来说，反复强调这一点有些不厌其烦，我们同样表示歉意。曼彻斯特有句俗语："你不能同时拥有和享用一个蛋糕。"这句俗语也许比数学更难理解。

回顾一下，我们得到了三维空间中动量矢量长度的表达式 $m\Delta x/\Delta t$。我们通过 Δs 取代 Δx，$\Delta s/c$ 取代 Δt，构建了四维动量矢量，它的长度是 mc，一个相当有趣的量。让我能再多写一段，完整地写下 $\Delta s/c$，这个替代 Δt 的量，即 $\Delta s/c$ 等于 $\sqrt{(c\Delta t)^2-(\Delta x)^2}/c$。这个表达式有些烦琐，不过稍加处理，就会简单很多，即把它表示为 $\Delta t/\gamma$，其中 $\gamma=1/\sqrt{1-v^2/c^2}$。在推导中，我们用到了 $v=\Delta x/\Delta t$，也就是物体速度的表达式。γ 不是别的，正是我们在第三章中遇到过的量，它是表示运动时钟时间变慢的量。

我们已接近目标。这段数学推导的重要性在于它能让我们精确地计算出动量矢的时间分量和空间分量。首先，我们回顾下三维空间动量矢量的处理方法。如图 11 所示，三维动量与球运动的方向相同，指向图中箭头的方向，但长度与球的运动不同，它是由运动的距离乘以球的质量，再除以时间间隔得到的。四维动量与之完全相似，它指向球运动的时空方向，也就是

图 12 中箭头的方向。同样，为了得到动量，我们需要缩放箭头的长度，但是，这次我们要乘以质量的同时，除以不变量 $\Delta s/c$（如上一段中所示，$\Delta s/c$ 等于 $\Delta t/\gamma$）。仔细观察图 12 的箭头，可以看到，若在保持箭头方向不变的情况下，改变些许长度，那么，需要在 x 方向简单改变 Δx，在时间方向改变 $c\Delta t$，同时保持该变量相同。所以，动量矢量中指向空间方向部分的长度，就是 Δx 乘以 m，除以 $\Delta t/\gamma$，可以写成 $\gamma m \Delta x/\Delta t$。再由 $v=\Delta x/\Delta t$ 是物体通过空间的速度，我们得到答案：动量时空矢量的空间分量长度等于 γmv。

因此，我们构造的时空动量一点也不单调乏味，反而很有趣。如果物体的速度 v 远小于光速，那么 γ 非常接近 1，我们从新动量到旧动量，$p=mv$，质量与速度的乘积。这很鼓舞人心，让我们乘胜追击。事实上，我们所做的远不止是将旧的动量转换成新的四维形式。首先，我们得到了一个更精确的公式，因为，当速度为零时，γ 精确地等于 1。

思考四维动量的时间分量，将比修正 $p=mv$ 更有趣。有了以上的努力，计算这个时间分量就变得更简单了，图 13 给出了答案。四维动量的时间分量的长度等于 $c\Delta t$ 乘以 m 再除以 $\Delta t/\gamma$，即 γmc。

不要忘记，动量之所以吸引我们，是因为它是守恒量。我们的目标是在四维空间中找到一个守恒的四维动量。想象时空中一堆指向不同方向的矢量，它们可以代表一些即将碰撞的粒子的运动。这些粒子碰撞又分开，空间将产生一组新的指向不同方向的动量。动量守恒定律告诉我们，所有新箭头的总和必须与碰撞前箭头的总和完全相同。也就是说，碰撞前后，所有箭头的空间部分的总和保持不变，时间部分的总和也保持不变。因此，当

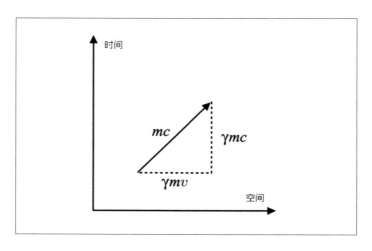

图 13

我们计算每个粒子的 γmv 时，碰撞前的总和与碰撞后的总和相同。对于时间部分也是如此，γmc 总和保持不变。很明显，我们得到了两个新的物理定律：γmv 和 γmc 是守恒量。但这两个特别的物理量对应什么东西呢？看上去，似乎没有什么值得激动的。因为，当速度很小时，γ 就接近于 1，γmv 就变成了 mv，我们又回到了动量守恒定律的老路上。不过，这是令人欣慰的，这符合我们的预期，我们想得到维多利亚时代的物理学家承认的东西。毕竟，在没有时空概念的情况下，布鲁内尔和 19 世纪其他伟大的工程师们做得很好。因此，物体运动的速度不怎么接近光速的前提下，动量的新定义给出的结论必须与工业革命时期的完全相同。毕竟，克利夫顿吊桥并没有因爱因斯坦提出相对论而突然倒塌。

关于 γmc 守恒呢，能挖掘出点什么？在 γmc 中，c 是一个普遍的常数，对每个观察者都相同，那么说 γmc 守恒就等于说质量是守恒的。尽管出现这个结论有些令人意外，但它符合我们的直觉，似乎并没那么特别。就好像有人在说，煤在炉子里燃烧后，灰烬质量（包括烟囱里排出的任何物质的质量）应该等于燃烧的煤的质量。事实上，γ 不应该受到轻视。尽管，我们可能会走开，满足于我们已经取得了很大的成就。我们成功地定义了四维动量。它是时空中一个有意义的物理量。它对 19 世纪的动量的概念进行了修正（大多情况下很小），同时导出了质量守恒定律。我们还能得到更多东西吗？

我们花费了很长时间才抵达上段的内容，里面还有些不完美的地方。接下来，我们将更加仔细地观察时空动量的时间部分，奇迹将在此发生，爱因斯坦最著名的公式也会跃然纸上。终局在望。米利都的泰勒斯正躺在浴池里，为最终的魔法做好了准备。读到这句话时，我们已经费了很多脑筋，也因此学到了四维矢量和闵可夫斯基时空等专业的物理学知识，已经为最后的壮举做好了准备。

γmc 是守恒量。需要弄清楚这意味着什么。想象一个相对论台球游戏，每个球都有自己的 γmc 值，把这些数值加起来，无论总数是多少，都不会改变。现在我们要一个小花招，因为 c 是一个常数，并且 γmc 是守恒的，那么 γmc^2 也是守恒的。这个看起来毫无意义的转变很快就会显现出效果。当速度较小时，γ 不完全等于 1，却可以用公式 $\gamma = 1 + \frac{1}{2}(v^2/c^2)$ 来近似表述。不妨用计算器验证一下，当速度远小于光速 c 时[i]，这个公式非常有效。下表也给了具有说服力的证据，不需要怀疑，这个近似公式（产生了表格中的第三列数据）非常准确。即使对高达光速的 10%（$v/c=0.1$）的速度也成立，这样的速度通常也是很少见的。

---

i　也就是说，它给出的值几乎与公式 $\gamma = 1/\sqrt{1 - v^2/c^2}$ 的准确值相同。（原书注）

简化后，γmc^2 约等于 $mc^2+\frac{1}{2}mv^2$。正是基于这个公式，我们才能够真正认识到事情所带来的深远影响。当速度远小于 c 时，我们已经确定 $mc^2+\frac{1}{2}mv^2$ 是守恒的。虽然 γmc^2 守恒是更准确的说法，但是前一个方程更具启发性。为什么呢？很明显 $\frac{1}{2}mv^2$ 是动能，我们在碰撞台球的例子中看到过，它表示了质量为 m 的物体，由于运动而产生的能量。我们发现有一个守恒的东西，它等于某个量（mc^2）加上动能。把这个"守恒的量"称为能量是有道理的，但现在它有两个元素，一个是 $\frac{1}{2}mv^2$，另一个是 mc^2。不要因为乘以 c 而感到迷惑不解，这样做只是为了得到 $\frac{1}{2}mv^2$ 而不是 $\frac{1}{2}mv^2/c^2$，因为前者符合科学家多年来对动能的定义。如果你喜欢，你可以命名 $\frac{1}{2}mv^2/c^2$ 为"动能质量"或任何其他名称。叫什么名字并不重要（即使"动能质量"与伟大的万有引力相联系而"能量"没有）。重要的是守恒量，是"时空动量矢量的时间分量"。当然，"时空动量矢量的时间分量等于 mc"的方程并不像 $E=mc^2$ 那样吸引人，但它们具有相同的物理本质（表1）。

v/c	γ	$1 + \frac{1}{2}(v^2/c^2)$
0.01	1.00005	1.00005
0.1	1.00504	1.00500
0.2	1.02062	1.02000
0.5	1.15470	1.12500

表1

从时空的动量守恒定律，我们不但惊人地导出了一个新的三维动量守恒定律——改进的空间动量守恒定律，而且修正了传统的能量守恒定律。想象一个来回运动的粒子系统，我们已经确定，如果把所有粒子的质量乘以 c 的平方，再和它们的动能加起来，那么就会得到一个不变的量。接下来，对于维多利亚时代的人来说，他们更容易接受动能不变的断言和质量同样不变的断言（当然，我们考虑物理量不变时，乘以 c 的平方并不影响）。这样的断言和我们的不变量是一致的。但我们的规律远不止如此。现在看来，质量和动能在保持总和的情况下也可以相互转化，这一点不能被排除。总之，我们发现了质量和能量之间的相互转化规律，特别是从静止的质量 m 中（在这种情况下，γ 等于1），我们可以提取 $E=mc^2$ 这么多的能量。

现在，我们的朋友，米利都的泰勒斯带着全部的魔法，从浴室中走出，来到他的嫔妃面前，他香气四溢，容光焕发。

让我们重复一遍：我们的目的是找到一个时空量，来对应三维空间中的动量，一个有意义的守恒量。这个量只能用时空距离、宇宙上限速度和质量来构造，因为只有这些量不随着观察者改变而变化。这个构造的时空动量有非常有趣的性质。我们从它的空间分量中，重新发现了动量守恒定律，在物体接近光速时，并对它进行了修正。但真正的宝藏藏在时空动量的时间分量中，时空动量的时间分量给了我们一个全新的能量守恒定律。新的能量不但包括旧的动能 $\frac{1}{2}mv^2$，还包括一个全新的量 mc^2。由此可以得出，一个物体，即使静止不动，也具有能量，它由著名的爱因斯坦方程给出：$E=mc^2$。

这是什么意思呢？还是要从有趣的能量守恒说起。所谓能量守恒是指，"能量在此处增加，必然在别处减少"。另外，我们刚才已经确定，物体的质量也是潜在的能量源泉。比如，拿一块一千克的物体（不管是什么），对它进行某种"操作"，让它消失掉。这里所说的消失，并不是简单地把这1千克重的东西磨成碎屑，它真的消失了。那么，取代这块物体的，必然是1千克的能量（可能还要加上对它"操作"过程中投入的能量）。这1千克能量的形式可能是质量和动能，例如，消失的东西所含能量的一部分产生了几百克的新"物体"，而剩余的能量转化为动能：新生物体快速地运动着。当然，这是一个我们编造的物理场景。尽管如此，类似场景却被爱因斯坦理论所允许，非常值得玩味。在爱因斯坦之前，没有人会想到物质可以毁灭，质量可以转化为能量，因为质量和能量被认为是毫不相关的。在他之后，事情发生了转变，人们不得不承认质量和能量仅仅是事物的不同表现形式。因为，能量、质量和动量组合成了一个时空量——时空动量矢量。在物理学界，它被称为能量—动量四维矢量。与空间和时间一样，能量和动量也不再被当作独立的量来看待了，它是能量—动量四维矢量这个更深刻物理量的影子。我们的直觉愚弄了我们，导致了偏见，才使得我们将时间和空间分开，将能量和动量隔离，心安理得地相信它们是不相关的东西。但是，大自然并非如此，质量转化为能量的现象普遍存在。假如这类过程不能发生，人类就不会存在。

质量转化为能量的说法强硬有力。在剖析它之前，我们需要进一步解释下物质的"毁灭"是什么意思。毁灭并不意味着花瓶跌落，摔成碎片。一个珍贵花瓶的碎裂令人沮丧，清扫碎片仔细称量，它碎裂前后的质量并没发生改变。我们所说的物质"毁灭"不是这个意思。相反，它是指花瓶破坏后，原子比以前减少了，相应的质量也减少了。"毁灭"是一个新的概念，会引起争议。我们一向认为物体由细小的部件构成，我们可以把它们拆散重排列，但不能摧毁它们，这个观点源远流长，可以一直追溯到古希腊的德谟克利特[i]，足见它强大的说服力。然而，爱因斯坦的理论推翻了这种世界观，并展现了一个新的物质观念。在爱因斯坦的世界中，物质的边界模糊了，它可以突然产生，又可以突然消失。这种毁灭和创生的过程，在粒子物理加速器中进行着。我们稍后就会谈起这些有趣的现象。

我们即将抵达故事的高潮，这是最美妙的部分，泰勒斯也会神魂颠倒，不知所措。我们将确切地确定 c 即是光速。因为，以时空方式思考世界，c 是指宇宙上限速度，而不是光速，这一点需要一直强调。在上一章中，我们绕到第三章，借助那里的结果，确定了 c 就是光速。现在，我们不去借助其他想法，不把 c 解释为宇宙上限速度，而是去深入时空框架之内，寻找 $E=mc^2$ 中 c 的新的解释。

爱因斯坦质能方程含有一个奇特而隐蔽的特性，这个特性就是重新解释 c 的法门。为了进一步研究，我们放一放近似分析的方法，严格写出来能量—动量四矢量的空间部分和时间部分，它们分别是 γmv 和 γmc^2。我们对此进行发问：如果一个物体的质量为零会发生什么？看起来这个问题有些奇怪。如果仅凭观感，你会发现如果质量等于零，那么物体总是有零能量和零动量，也就是这种情况下，什么都不存在，没有任何东西。但数学公式暗藏玄机，事实并非如此。仔细观察 γ 项，$\gamma =1/\sqrt{1-v^2/c^2}$，假定物体以速度 c 运动，那么就会有 1/0（0 的平方根是 0），γ 变为无穷大。但质量为 0，速度为 c 情况比较特殊。在这种情况下，根据动量和能量的表达式，我们得到无

---

i　德谟克利特（ 约公元前 460—公元前 370 ），古希腊伟大的唯物主义哲学家，原子唯物论学说的创始人之一。他认为，万物的本原是原子和虚空。原子是不可再分的物质微粒。

穷大乘以零，一个没有数学定义的关系。也就是说，能量和动量的表达式对这种特殊情况是失效的，我们无权据此得出结论，对于无质量的粒子，它的能量和动量必须为零。然而，我们可以换一个角度发问，动量和能量的比值会怎么样呢？简单推演一下，把 $E=\gamma mc^2$ 除以 $p=\gamma mv$ 得到 $E/p=c^2/v$，代入 $v=c$，就得到一个有意义的方程 $E=cp$。因此，即便物体的质量为零，它的能量和动量也可以不等于零，前提是它必须以速度 c 运动。爱因斯坦的理论允许无质量粒子的存在。下面该实验派上用场了，实验发现光是一种粒子，被称为"光子"，并且它的质量为零。因此，光必须以速度 c 传播。问题是，如果未来的某一天，实验证实光子有一个很小的质量，该怎么办？好吧，希望你现在能回答这个问题。其实，我们什么也不用做，只要回到第三章，把爱因斯坦的第二个假设替换掉，改成"无质量物体的速度是个普遍适用的常数"。也就是说，这个测量出光子质量的实验并没有改变常数 c，它只是不允许我们把它与光的传播速度等同起来而已。

这一点相当深刻。$E=mc^2$ 中的 c 之所以与光有关系，是因为光子恰好是无质量的粒子。从历史角度来看，这是非常重要的，由于光的特性，法拉第这样的实验学者和麦克斯韦这样的理论家便通过电磁波传播现象接触到了宇宙上限速度。对爱因斯坦的思想也是这样，如果没有宇宙上限速度和光速相等的巧合，他就不会发现相对论。我们也永远不会知道相对论。用"巧合"这个词可能是恰当的，因为粒子物理学没有提供根本的理论保证光子的质量一定等于零，这一点将在第七章中了解到。此外，一个被称为希格斯（Higgs）机制的理论，可能赋予光子一个非零的质量。因此，把 $E=mc^2$ 中的 c 视为无质量粒子的速度更为准确，这些粒子绝对地遵循着这个速度在宇宙中运动。从时空架构来看，c 的引入使得我们能够计算时间方向的距离，它深深植根于时空结构之中。

　　光速平方这个因子可能没能逃过你的眼睛，与质量有关的能量都带有这一因子。相对于日常的车水马龙（$\frac{1}{2}mv^2$ 中的速度 v），光速是如此之大，锁在质量中的能量的体量就不足为奇了，即便是很小的质量也能释放出惊人的能量来。我们还没能声称这种能量已被证明可以直接获取。但如果我们能够做到这一点，那将是多大的能源供给啊，说我们坐在能量的金山银山上，不为过吧？我们还可以量化它，毕竟手头有这样一个公式。当一个质量为 m 的粒子以速度 v 运动时，它的动能大约等于 $\frac{1}{2}mv^2$，而质量储存的能量等于 mc^2（我们假设 v 比 c 小，否则我们需要使用更复杂的公式 γmc^2）。为了更好地理解这些等式的意思，我们代入一些数字。

　　一个灯泡通常每秒辐射 100 焦耳的能量。焦耳是能量单位，以詹姆斯·焦耳（James Joule）的名字命名。詹姆斯·焦耳是曼彻斯特的一个伟大人物，他的智慧推动了工业革命。100 焦耳每秒的能量等于 100 瓦，瓦是以苏格兰工程师詹姆斯·瓦特（James Watt）的名字来命名的。这些日常物理量的单位体现着我们对 19 世纪的纪念，那是科学取得惊人进步的世纪。对于一个拥有 10 万居民的城市，估算一下，需要大约 1 亿瓦（100 兆瓦）的电力供应。即便要产生 100 焦耳的能量，就需要相当大的机械力了。这个能量相当于以 135 英里每小时的速度运动的网球的动能，135 英里是职业网球的发球速度。你不妨简单验证下，一个网球的质量是 57 克（或 0.057 千克），135 英里每小时几乎等于 60 米每秒。把这些数字代入 $\frac{1}{2}mv^2$，网球的动能便等于 $\frac{1}{2}$× 0.057 × 60 × 60 焦耳。这里 1 焦耳定义为 2 千克质量以 1 米每秒的速度移动的动能（这个定义是我们将速度从英里／小时转换为米／秒的原因）。然后，简单做下乘法，就可以得到能量的结果了。因此我们需要挥动网球拍（每秒一次）来为电灯泡供电。实施上，我们需要发速度更大的球，或者提高发球频率，因为，我们还需要从这些球中提取动能，将其转化为电能（通过发电机），并将其输送到灯泡。点亮一个电灯泡，确实要费一番周折。

点亮一个灯泡需要多少质量呢？如果我们使用爱因斯坦的理论，把质量全部转化为能量的话？根据质量等于能量除以光速的平方：100 焦耳两次除以 3 亿米每秒。答案超过 0.000000000001 克一点点，也就是百万分之一的百万分之一（即万亿分之一）克。这样算来，我们每秒钟只需要销毁 1 微克的物质就可以为一座城市提供电力。我们只需要 3 千克的材料就可以让这座城市维持 100 年，因为一个世纪大约有 30 亿秒。毫无疑问，被锁在物质内部的能量与我们通常的能量有着完全不同的体量。如果我们能释放它，利用它，我们就解决了地球上存在的能源问题。

最后再说一点。对我们来说，质量中蕴含的能量简直是天文数字，很容易把原因归结为光速，因为光速是一个非常大的数字。这样做显然没有抓住问题的核心。问题的关键是我们日常应对的速度与宇宙上限速度相比非常小，因此相对于 mc^2，$\frac{1}{2}mv^2$ 是一个非常小的数字。我们之所以生活在能量相对较低的环境中，归根结底与自然力的强弱有关，特别是电磁力和引力的相对较弱有关。我们会在第七章进入粒子物理的世界，在那里更详尽地讨论这个问题。

爱因斯坦之后的半个世纪里，人类最终发现了从物质中提

取大量的质能 [i]（mass energy）的方法。今天，核电站是毁灭物质的装置。相反，数十亿年来，大自然一直在利用 $E=mc^2$。我们应该非常真切地感受到 $E=mc^2$ 是生命的种子。如果没有它，太阳不会燃烧，黑暗会永久笼罩大地。

---

i　质能：通过毁灭质量获得的能量，与动能等对应。

第六章　我们为什么要关心原子、老鼠夹和恒星引擎？

　　我们已经领教了爱因斯坦方程的威力，它迫使我们重新审视对待质量的方式。我们认识到，质量不仅是物体所含物质的量度，它还是物体蕴含质能的量度。我们还认识到，如果能够释放这被封印的能量，那么我们脚下便有一个巨大的能源，存量惊人。本章中，我们将探索释放质能的方式。在讨论这些实用技术之前，再多花点时间，来仔细研究下我们刚才得到的方程$E=mc^2+\frac{1}{2}mv^2$。

　　还记得吗，这个方程只是$E=\gamma mc^2$的一个近似？当物体的速度不高于光速的20%时，这个近似是相当不错的。写成这样的形式便于我们把质能和动能分开。还是需要再强调下，这只是$E=\gamma mc^2$一个近似表述。还记得吗，可以在时空中构造一个矢量，它在空间方向的分量代表一个守恒量，当速度较小于光速时，它可以近似为传统的动量守恒。同样，这个时空动量矢量在时间方向上的分量也是守恒量，对应的长度是$E=mc^2+\frac{1}{2}mv^2$。可以看到，$\frac{1}{2}mv^2$为科学家所熟知，它是动能的表达式。据此，我们可以确定这个时间方向的分量是能量。我们得出了能量守恒，这点非常出乎意料。毕竟我们的初衷是寻找时空中的动量守恒定律。

　　假如有一桶老鼠夹子，每个老鼠夹已装备完毕，能量便储存在它们的弹簧中。我们知道弹簧中储存能量，是因为老鼠夹陷阱被触发时，会发出响亮的声音（能量以声音的形式释放），啪的一声一跃而起（能量转变为动能）。现在想象，一个老鼠夹触发其余的老鼠夹的场景。在弹簧释放能量的过程中，老鼠夹啪的一声关上，响亮的声音传播开来。能量守恒定律告诉我们，老鼠夹关上之前的能量必须等于关上之后的能量。由于老鼠夹陷阱最初是静止的，所以总能量等于 mc^2，m 是一桶老鼠夹的总质量。之后，是一堆闭合的老鼠夹和它们释放的能量。根据前后能量相等，可以得出结论：一桶蓄势待发的老鼠夹，比一桶触发后的老鼠夹能量要大。现在，让我们考虑另一个动能贡献质量的例子。装满热气的盒子比它在低温状态下的质量要大。温度测量的是分子在盒子中来回运动的速度，气体越热，分子运动的速度就越快。分子运动越快，这个盒子里的分子就具有更多的动能（也就是说，对热气来说，把每个分子的 $\frac{1}{2}mv^2$ 加在一起的结果更大）。因此盒子有更大的质量。这个逻辑对所有东西都适用，只要它储存有能量。一个新电池的质量比一个旧电池质量更大，一杯热咖啡的质量比一杯冷咖啡的质量更大。在一个湿冷的周六下午，在奥德姆足球场看比赛，中场休息时买一个热气腾腾的土豆肉馅饼，若在比赛结束后你还没吃，那么冷的馅饼的质量就减少了。

因此，质量和能量的转变并不是千载难逢的过程，它每时每刻都在发生。坐在火堆旁，身心放松，火堆噼啪作响，你正在从燃烧的煤中吸收热量，正是这些热量带走了煤中的能量。等到早上，火熄灭了，煤燃烧殆尽，你若执拗地打扫灰烬，收集所有的残渣，然后用最精确的天平称重。即使你考虑到每一个灰烬的原子，你都会发现它比燃烧前的煤轻。这个差值就等于释放出的能量除以光速的平方。换句话说，我们可以根据 $m=E/c^2$ 快速计算出夜晚加热房间的煤炭质量的变化。如果，煤炭燃烧释放能量的速度是 1000 瓦／小时，一共持续了 8 个小时，那么一共输出了 1000 x（8 x 60 x 60）焦耳的总能量，差一点不到 3000 万焦耳（因为我们必须以秒为单位计算时间，而不是用小时，这样才能得到以焦耳为单位的总能量）。因此，相应的质量损失必须等于 3000 万焦耳除以光速的平方，结果不到百万分之一克。这种质量的微小减少必须用能量守恒来解释。煤在点燃之前的总能量等于煤的总质量乘以光速的平方。当煤炭燃烧时，能量离开火堆。最终，火熄灭了，留下的只是灰烬。根据能量守恒定律，灰烬的总能量必须小于煤的总能量，减少的量进入房间，创造了温暖的氛围。总之，灰烬的能量等于它的质量乘以光速的平方，一定比煤的少，减少的量等于刚才计算的值。

因此，质量和能量的相互转换，每天都在发生，它是大自然最为基本的物理过程。事实上，对于宇宙中的任何事情，质量和能量都在不断地变来变去。在我们知道了自然界这一基本事实之前，人们究竟是怎样解释与能量相关的事情的呢？应该知道的是，当爱因斯坦在 1905 年第一次写下 $E=mc^2$ 时，已是一个远离原始世界的时代了。1830 年，第一条城际铁路在利物浦和曼彻斯特之间开通，它是以燃煤蒸汽机车为动力的。那时，燃煤远洋客轮横渡大西洋已近 70 年，蒸汽机的黄金时代正如火如荼，先进的汽轮机动力客轮，如"毛里塔尼亚号"和"泰坦尼克号"即将投入使用。维多利亚时的人们非常熟悉如何有效地燃烧煤炭，如何发挥它的惊人效果，但爱因斯坦之前的科学家是如何看待火燃烧背后的物理学的？一位 19 世纪的工程师会认为，煤炭中存储着能量（煤炭就像成千上万个微型老鼠夹，储存着能量），煤燃烧的化学过程触发着老鼠夹陷阱并释放着能量。这个能量图像是可行的，它使得计算非常精确，足够设计出像远洋班轮或蒸汽快车这样完美的机器。后爱因斯坦时代的观点与这个图像并不矛盾，甚至是这幅图像的重要补充。我们现在明白了，能量与质量交织在一起，不可开交。物体蕴含能量越多，质量越大。在爱因斯坦之前，科学家不会想到质量与能量之间会有什么联系，他们没必要这样想。他们对自然的看法已经非常准确，足以解释眼前的世界，解决遇到的问题。毕竟质量的变化如此之小，不足以引起他们的注意。

从这里可以看出对科学的新见解。随着理解事物的层次越深入，越准确的宇宙观将会呈现出来。并且，现行的宇宙观不再是确定无疑的，相信科学中没有绝对真理，非常重要。任何时期的科学知识体系，包括现在的，都是理论和宇宙观的集合，只是尚未被证伪。

在刚才的例子中，物质的变化都会引起质量的微小改变，并伴随着显著的能量释放。温暖我们的火，美味的热馅饼，变冷了就难以下咽。煤燃烧过程中，释放出储存的化学能。火柴点燃煤，引起连锁化学反应，煤分子随即重排列，煤炭变成灰烬。当分子键断裂和重组时，当原子和原子结合成分子时，若有能量放出，质量便减少。化学能的起源和原子的结构有关。单个氢原子是最简单的例子，它是由一个质子和一个围绕质子运动的电子构成的。采用量子力学，物理学家可以简单计算出原子的质量如何随着电子的运动而发生改变。其实氢原子的质量有个最小值。这个质量最小值比相距足够远的一个电子和一个质子的总质量小0.0000000000000000000000000000002千克。然而，这么小的质量差值，转化的能量却不可小觑。你要不信，可以向化学家求证，或是坐在炉火边亲身体验下它的威力。

和常人一样，物理学家也怕麻烦，他们不喜欢用非常小的数字，那要写很多个零。所以，他们通常放弃千克来表示质量，而采用一个叫电子伏特的单位。电子伏特实际上是一个能量单位，它表示电子在 1 伏特的电压下加速时所获得的能量。读起来真绕口，好像又要吃粉笔灰了。还是用日常语言来说吧，拿一个 9 伏的电池，用它做一个小的粒子加速器，给一个电子 9 电子伏的能量。然后，质量由电子伏特除以 c^2 得到。用这套便利的方法，氢原子的质量将比质子（938272013eV/c^2）和电子（510998eV/c^2）的总质量（1eV 是 1 电子伏能量的缩写）小 13.6eV/c^2。值得注意的是质量单位中保留了一个 c^2 因子，质量乘以 c^2，c^2 因子就相互抵消，这样就很容易计算出静止的质子储存的能量，能量值为 938272013eV。

另外值得注意的是，氢原子的质量小于其组成部分的总和，而不是大于。这似乎意味着有负能量储存在氢原子中。这并不稀奇，"储存负能"只是说明需要力才能分解原子。这种负能被称为"结合能"。氢原子第二小质量比电子和质子之和小 10.2eV/c^2。[i] 这里质量是以离散的（"量子化"）值出现的，这是量子理论名字的由来，它很神秘，常常被误解。例如，不存在质量比最小质量大 2eV/c^2 的氢原子。这就是"量子"这个词的所蕴含的全部内容。对于氢原子来说，原子核是一个质子，电子在原子核周围的分离轨道上运动，对应分离的原子质量。

所以，在描绘电子轨道时，请务必小心，因为这个轨道不是行星围绕太阳运动的轨道，两者完全不同。粗略地说，质

---

[i] 严格地说，这并不准确。氢原子质量的另一个可能值仅比最小质量高 0.000006eV/c^2。这个微小的质量差对射电天文学家非常重要，但是这个质量差太小了，我们假设它们没有什么区别。（原书注）

量最小的原子，相比质量次之的原子，其电子的轨道更靠近质子，以此类推便可以描绘所有电子轨道。当电子最接近质子时，氢原子处于"基态"，此时氢原子最轻。只要加上适量的能量，电子就会跳到下一个轨道，原子就会因增加的能量变得更重一些。这样看来，给原子添加能量就像拉伸弹簧，把鼠夹支起来一样。

　　问题来了，我们是怎么得出氢原子如此精细的细节的？这些微小的质量差异肯定不是用秤测量得出的。我们可以用薛定谔波动方程预测氢原子质量应该是多少。薛定谔波动方程是量子理论的核心。相传，在1925至1926年的圣诞节和新年期间，薛定谔与情人在冬季的阿尔卑斯山度假时，发现了这个现代物理学中最重要的方程。物理课本上没有提起他是如何向情人解释这个方程的。希望薛定谔的情人也能像一代代的物理系学生一样享受他的成果。对大多数物理系学生来说，这个以他名字命名的方程已熟记于心。用薛定谔方程计算氢原子并不困难，它是本科生试卷上的常客。但是这些数学的论证需要试验的确凿证据，否则将毫无意义。幸运的是，原子结构的量子化特性很容易被观察到。事实上，它们就在眼前。量子理论有一个普遍的规则，大致可以这样表述：在没有外界影响下，一个重的物体一有机会就会变轻。这个概念不难理解。如果一个物体被单独放置，它就不可能变成一个更重的物体，因为没有能量被添加，但是，它总是有机会释放一些能量，变得更轻。显然，还有第三种可能，什么也没发生，物体保持不变，有时确实是这样。拿氢原子来说，这意味着较重的氢原子最终会减少一部分质量变得轻一些。这个过程是通过发射单个光粒子来实现的，这个粒子就是我们之前遇到的光子。例如，第二轻的氢原子在某一时刻自发地转变成最轻的氢原子，电子的轨道随之改变，多余的能量被光子带走[i]。同样，相反的过程也会发生。如一个刚好在原子周围的光子，在某一时刻被原子吸收，然后，原子就会因吸收的能量，跃迁到更高的质量状态。

也许加热物体是使能量进入原子的最平常的方法。加热物体使电子跃迁到更高的轨道，然后再跃迁下来，同时发射出光子（这是钠蒸气路灯背后的物理机制），这些光子携带的能量恰好等于轨道间的能量差，因此可以通过探测它们来直接观察物质的结构。事实上，我们一直在检测着这些光子，我们的眼睛就是光子探测器，我们把光子的能量记录为颜色。围绕岛屿的热带海洋，蓝色此起彼伏。梵高画下的星辰是锯齿状的钻石黄，以及血液中的铁红色，这些颜色都是眼睛看到的物体的量子化结构。19世纪末20世纪初，探索高温物体发光颜色的起因，是推动量子理论被发现的一股力量。那时，一大批勤奋的科学家对物体发出的光进行了仔细观察，长期以来，他们探索了各种物质，可以说是所有物质，最后，终于取得成功，他们为填充派对气球的气体（氦气）欢呼，庆祝。"氦"源于希腊语单词"helios"[ii]，意思是"太阳"。之所以用希腊太阳神的名字命名该元素，是因为这个原子的指纹特征是在日食的光线里首次发现的，该发现是由法国天文学家皮埃尔·杨森（Pierre Janssen）在1868年做出的。这样看来，氦元素首次在恒星上被发现，而不是地球上。今天，科学家在星光中识别氧气的特征指纹，来寻找地外生命的迹象，这些星光由恒星发出，掠过行星的地表大气层。这些都是光谱学研究的内容，光谱学作为科学的一个分支是探索宇宙内外的有力工具。

---

i   光子带走的能量等于 13.6 eV 减去 10.2 eV，也就是 3.4 eV。（原书注）

ii   赫利俄斯，太阳神。

自然界中的元素在能量台阶（质量台阶）上都有一个位置，位置的高低取决于电子的能级。除氢元素外，其他元素都有不止一个电子，因此它们发出的光跨越了彩虹和其他颜色，世界如此多彩，最终原因就在这里。简单来讲，化学作为一门科学，主要关注的是当原子靠得很近（但不能太近）时会发生什么。当两个氢原子彼此靠近时，质子相互排斥，因为它们都携带正电荷，但由于一个原子中的电子吸引另一个原子中的质子，于是这种排斥被克服了。结果是两个原子结合在一起形成一个氢分子，组成最佳配置。原子被束缚的原理与电子被束缚在单个氢原子核的轨道上的原理相同。被束缚意味着需要一些力量才能把它们分开，"需要一些力量"是我们需要提供一些能量的一种粗糙的说法。如果我们需要提供能量来将分子分开，由此可见，那么分子的质量就比原来两个氢原子的质量之和要小，就像氢原子的质量小于其组成部分的质量之和一样。在这两种情况下，结合能的产生都是由书本开始时遇到的电磁力引起的。

　　在学校化学实验偷玩过火柴的人都知道，化学反应伴随着能量的产生。炭火就是一个完美、可控的例子。用燃烧的火柴轻轻一点，煤炭就能释放能量，持续数小时。更加离谱的是，一根雷管爆炸所释放的能量和煤炭释放的能量相当，只不过前者释放的速度更快罢了。能量不是来自燃着的火柴或导火索，而是来自它们体内储存的能量。最重要的一点是，如果反应过程中有能量放出，那么反应产物的总质量必须小于物体开始时的质量。

　　下面我们讲述最后一个通过化学反应释放能量的例子。假设坐在一个充满氢分子和氧分子的房间里。我们可以畅快呼吸，并且这里看起来非常安全和舒适，因为需要一定的能量才能把氢分子中的两个氢原子拆分开，它们紧紧结合在一起。这似乎表明氢气分子应该是一种稳定的物质。然而，氢气可以通过化学反应分解，并能产生大量能量，因此氢气非常危险。它在空气中极易燃烧，一个小火花就能引发灾难。有了这些新概念，我们可以更详细地分析这个过程了。假设我们把氢分子气体（由两个氢原子结合而成）和氧分子气体（由两个氧原子结合而成）混合在一起。现在，当你坐在房间里发现两个氢分子和一个氧分子的总质量大于两个水分子的总质量，而每个水分子由两个氢原子和一个氧原子组成时，你就会变得非常紧张。换句话说，以分子形式出现的四个氢原子和两个氧原子的质量要比两个 H_2O 分子大，多出的质量约为 $6eV/c^2$。因此，氢分子和氧分子更倾向于被重新排列成两个水分子。不同之处在于原子（以及里面的电子）的构型。表面上看，一个重新排布结构的分子所释放的能量很小，但是这个充满气体的房间包含了 10^{26} 个分子[i]，这里有相当于大约1000万焦耳的能量，这些能量足以将人化成灰。幸运的是，虽然反应后的总质量比初始质量小，但还需要一些努力才能将它们以及相关电子放进正确的构型中。这有点像把一辆巴士推下悬崖的过程。巴士需要一些能量才能启动，但它一旦启动，这个过程就无法阻止。因此，此时在房间中玩火柴是非常愚蠢的行为，因为火柴放出的能量可以触发分子重组过程，从而开启水的生产过程。

通过重组原子来释放化学能，或通过移动周围的重物来释放重力能（比如水电站中大量的水）为我们的文明提供了生产和驾驭能源的手段。同时，我们也越来越善于获取自然界丰富的动能资源。在呼啸的风中，空气分子迅速流动，我们通过安装风力

---

i $10^1 = 10$，$10^2 = 100$，$10^{26} = 100000000000000000000000000$，因此，不难发现为什么要发明简写的形式。（原书注）

涡轮机将这种狂野的动能转化为有用的能量。分子撞击涡轮的叶片，结果分子减速，将动能传递给涡轮，涡轮开始旋转（顺便说一下，这是一个动能守恒的例子）。通过这种方式，风的动能转化为涡轮的旋转动能，进而为发电机提供了动力。利用海洋能的方式与之大致相同，只是这种情况下，大量水分子的动能转化为了有用的能量。从相对论角度来看，所有形式的能量都对质量有影响。想象一个大盒子，里面装满了飞来飞去的鸟儿。

把盒子放在一套磅秤上称量，从而可以得到鸟和盒子的总质量。但是由于鸟儿在四处飞动，它们有一定的动能，因此，箱子的总重量会比鸟儿都睡着时重一点点。

从史前时代起，化学反应释放的能量就一直是人类文明的主要动力源泉。一定数量的煤、油或氢所能释放能量的多少本质上是由电磁力的强度决定的，因为正是这种力决定了原子和分子结合的强度，这些结合在化学反应中被破坏，被改造。然而，自然界中还存在另一种力，能从给定数量的燃料中释放出更多能量，原因仅仅因为更强大。

原子的深处是原子核——一堆质子和中子，它们被强大的核力黏合在一起。与原子和分子的情况一样，粘在一起的核子也需要用力才能拉开，并且原子核的质量同样小于组成它的质子和中子的总质量。完全类似于化学反应，我们会想是否可以使原子核产生特定的相互作用，从而使质量差转化为有用的能量，并释放出来。打破化学键并释放原子中储存的能量就像点燃火柴一样容易，但释放原子核中的能量完全是两码事。它通常很难获取，并且需要一些精妙仪器。不过，也并非总是这样：有时候核能会自然、自发地释放出来，并对地球造成极其重要的影响，后果往往出人意料。

元素铀有 92 个质子，其最稳定的存在形式有 146 个中子。这种铀的半衰期约为 45 亿年，也就是说，在 45 亿年后，一块铀中的一半原子会自发分裂成较轻的元素，这些元素中最重的是铅元素，同时，铀分裂的同时释放出能量。根据 $E=mc^2$，铀原子核分裂成两个较轻原子核的过程中，生成的两个总质量比铀原子核的质量要小。这种质量的损失以核能的形式显示出来。这种重原子核分裂成两个轻原子核的过程称为核分裂。除了 146 个中子的形式，铀还有一种不太稳定的存在形式，这种铀含有 143 个中子，它分裂时会生成另一种形式的铅，并且半衰期为 7.04 亿年。这些元素可以用来精确测定几乎与地球年龄一样古老的岩石的年龄，地球年龄大约有 45 亿年。

这项技术非常简单。有一种被称为锆石的矿物，它能将铀自然地结合到它的晶体结构中，恰恰对铅它却不能。因此，可以假定矿物中存在的所有铅都来自铀的放射性衰变，这样通过简单地计算存在的铅核数量，加上知道的铀的衰变率就可以精确地测量出锆石的形成时间。此外，铀分裂时产生的热量在保持地球温度方面也起着至关重要的作用，这种热量为板块运动和高山隆起提供了动力。如果没有这种来自核能的动力，那么土地将会永远遭受自然的侵蚀而崩塌入海。有关核裂变的问题到此为止。下面，我们近距离审视下原子核，进一步了解其储存的能量，认识下释放核能的另一个重要过程：核聚变。

以两个质子为例（此时，它们周围没有电子，因此我们不能把它们融合起来，形成氢分子）。在不施加干扰的情况下，它们因都带有正电荷，而朝相反的方向分开。因此表面上看来把它们硬推到一起是没有意义的。不过，我们硬着来，尝试下，看看能发生什么。一种方法是以更快的速度把它们扔向彼此。质子之间的斥力随着距离越来越近而变得越来越大。事实上，每缩短一半距离，斥力就会翻倍。因此，如果电斥力是自然界中唯一的力的话，那么质子注定要相互分离，好像这是必然。但是，事实上，强力和弱力会加入进来，与之抗衡。当质子靠得很近，几乎接触到彼此时（质子不是实心球，我们可以认为它们是可以重叠的），会有一些不寻常的事情发生。当我们把两个质子像这样拿到一起时，其中一个质子会通过释放出一个多余的正电子而自发地把自己变成一个中子（中子是电中性的，因此得名），但并不总是这样。正电子与电子相同，只是它们带正电荷。这个过程同时还释放出一种叫作中微子的粒子。与质量相近的质子和中子相比，电子和中微子非常轻，它们"嗖"地远离，把质子和中子抛在身后。采用 20 世纪下半叶粒子物理学家提出的弱相互作用理论，我们可以很好地理解这种嬗变过程的细节。我们将在下一章展示它是如何发生的。这里我们需要记住的是，这个过程能够发生，而且确实发生了。在不受电斥力的影响下，质子和中子在强力的作用下依偎在了一起。一个质子和一个中子就这样结合在了一起，形成了氘核。质子随着正电子的发射变成中子的过程（反之亦然，随着一个电子的发射，中子也可以变成质子）叫作放射性 β 衰变。

然而，这些与我们对能源的理解有什么关系呢？这两个原初的质子每一个的质量都是 $938.3\text{MeV}/c^2$。其中，1MeV 等于 100 万 eV（"M"代表"百万"）。MeV/c^2 转换成千克很容易：$938.3\text{MeV}/c^2$ 相当于 1.673×10^{-27} 千克[i]。因此，两个原始质子的总质量为 $1876.6\text{MeV}/c^2$。而氘核的质量为 $1875.6\text{MeV}/c^2$，减少的 1

---

i　$10^{-1} = 0.1, 10^{-2} = 0.01$，以此类推。所以 10^{-27} 对应的数在小数点后有 26 个零。

MeV 的能量被正电子和中微子带走，其中大约一半被用来制造正电子，因为它的质量约为 ½MeV/c² （中微子几乎没有质量）。因此，当两个质子转化为一个氘核时，总质量的一小部分（大约 1% 的 1/40）被破坏并转化为正电子和中微子的动能。

把两个质子挤压在一起形成一个氘核，可以释放出强力束缚的能量，这是一个核聚变的例子。"聚变"用来描述两个或者两个以上原子核融合在一起释放能量的过程。与化学反应释放的能量（由电磁力引起的）不同，强力的结合能非常巨大。例如，氘核形成时释放 ½MeV 的能量，而氢氧爆炸才释放 6eV。有一点是确定的：核反应释放的能量通常是化学反应释放能量的 100 万倍。通常情况下，核聚变不可能发生，原因是强大的核力是短距相互作用，它只有在核子非常接近时才起作用，并且当距离在飞米（大约相当于一个质子的大小）之外急剧下降。由于质子间的电磁排斥力，要把质子挤压到这么小的距离并不容易。有一种方法可以实现这一点，不过需要质子以极快的速度运动。然而，这意味着非常高的温度，因为温度本质上不过是衡量粒子平均速度的手段：一杯茶的水分子比一瓶冷咖啡的水分子运动更为剧烈。要发生核聚变至少 1000 万度的温度是必要的，温度越高越好。幸运的是，宇宙中，温度在某些地方达到并超过了聚变所需要的温度——星核深处 [i]。

让我们回到宇宙黑暗时代，那时距宇宙大爆炸不到 5 亿年，宇宙中只有氢、氦和少量较轻的化学元素。慢慢地，随着宇宙的膨胀和冷却，原始气体在重力的作用下开始聚集成团。同时，在冲向对方时，它们不断加速，就像书本，如果丢开手，它便朝向

---

i　星核一般指恒星的核心。

地面加速一样。氢和氦运动得越快，它们越热。结果是这一大团气体变得越来越热，越来越密集。当温度达到 10000 度，电子被从它环绕原子核的轨道上扯下来，形成一种由质子和电子混合而成的气体——等离子体。当单个电子和质子在一起时，它们将势不可挡地奔向彼此，以极快的速度加速结合在一起。等离子体这个看似无法挽回的坍缩可以被拯救，因为当温度接近 1000 万度时，一些非常重要的事情发生了：这是把质子和电子转化为宇宙的生命和光，庞大的核能，一颗恒星。单个质子融合在一起形成一个氘核，氘核与另一个质子融合产生氦，同时释放出宝贵的结合能。通过这种方式，新星慢慢地将质量的一小部分转化为能量，从而加热星核，阻止并抵抗着恒星由于引力导致的坍缩。它可以坚持至少数十亿年的时间，这足够让寒冷、多岩的行星变暖，让水流动，让动物进化，文明崛起。

太阳就是一颗恒星，目前，它正处在一个舒适的中年阶段：正燃烧着氢，制造着氦。这个过程中，太阳每秒燃烧 400 万吨的质量将 6 亿吨氢转化为氦。这种质量的挥霍，尽管是我们生存的基础，不能永远持续下去，即便是这个足以容纳 100 万个地球的等离子球也是如此。那么，当星核的氢燃料耗尽时，会发生什么呢？如果没有核原料向外施加压力，恒星将再次开始坍缩，并且随着坍缩变得越来越热。当温度升高到大约 1 亿度时，氦开始燃烧，这样恒星的坍缩被再次阻止。这里使用"燃烧"这个词并不很准确。我们的本意是，核聚变最终产品的净余质量小于聚变材料的质量，这种因质量的损失产生的能量符合 $E=mc^2$。

氦燃烧的过程值得进一步研究。两个氦核的融合会产生一种特殊的铍，它由 4 个质子和 4 个中子组成，被称为铍 8。铍 8 只能存活一百万亿分之一秒，之后会分裂成两个氦原子核。铍 8

的寿命非常的短暂，它停留的时间不够长，以至于它不能与附近的其他任何物体融合。事实上，如果没有人为干预（多数情况如此），恒星内部合成较重元素的途径将被阻断。1953 年，科学家对恒星核物理过程的理解还处于初级阶段，天文学家弗雷德·霍伊尔（Fred Hoyle）意识到，无论核物理学家如何解释，碳都必须是在恒星内部被制造出来的，因为他坚信宇宙中没有其他地方可以制造碳。基于持之以恒的天体观察，他推测只有假定存在一种较重的碳原子核时，碳元素才能从短寿命铍 8 和第三个氦原子核的融合过程中高效生产出来。为了确立这个理论，霍伊尔计算出重碳应该比普通碳重 $7.7\text{MeV}/c^2$。一旦这种新形式的碳在恒星中被制造出来，通往更重元素的途径就打开了。当时，这种碳还没有被发现，在霍伊尔预测的推动下，科学家们争分夺秒地寻找着它。在霍伊尔做出预测的几天后，加州理工学院凯洛格实验室的核物理学家就证实了这一预测。这个故事非常了不起，它不只是帮我们在理解恒星是如何工作的过程中树立了信心：对一个精美理论的最好证明莫过于对它预测的实验的验证。

今天，我们有更多的证据来支持恒星演化理论。对中微子的研究就是一个显著的例子。中微子产生于质子变成中子的聚变反应。它是一种幽灵般的粒子，几乎不与任何东西发生相互作用。因此，中微子一旦产生就能毫无阻碍地从太阳中心流出。事实上，中微子流量惊人，在地球上，每秒每平方厘米大约有 1000 亿个中微子穿过。听起来很简单，却很难想象。把手举在面前，看着指甲，每秒钟就有 1000 亿个来自恒星核心的亚原子粒子穿过它。幸运的是，中微子几乎总能穿过手掌，穿过地球，视若无物。但是，极罕见的情况下，中微子也会发生作用，问题的关键是建立一个能够捕捉这些罕见事件的实验装置。"超级神冈"实验能够迎接这项挑战，它位于日本岐阜县附近神冈矿业所的茂住矿山深处，是一个直径 40 米高 40 米的巨大圆柱体，体内含有 5 万吨纯水。水的周围环绕着 1 万多个光电倍增管，这些光电倍增管能够探测到中微子与水中电子碰撞时产生的微弱的光线。因此，实验能够"看到"来自太阳的中微子流，并且实验探测到的中微子数量与太阳内部聚变过程产生的中微子理论预期数量相符合。

最终，恒星耗尽氦，开始进一步的坍塌。当核心温度上升并超过 5 亿度时，碳开始燃烧，产生更重的元素，这个过程一直持续到铁。我们的血液呈现红色，就是因为它含有铁元素。铁元素是恒星核聚变的终点。因为，比铁更重的元素在星核中不能通过聚变生成，这里也存在一个收益递减法则[i]，也就是比铁更重的原子核与其他原子发生核聚变反应时，放不出能量来。换句话说，向铁原子核中加入质子或中子只能使它们更重（而不是更轻，变轻是聚变释放出能量的条件）。事实上，比铁更重的原子核更倾向于释放质子或中子，就像之前在铀的例子中所看到的那样。在这些情况下，产物的质量之和小于初始原子核的质量，因此，当一个重原子核分裂时，能量被释放出来。总之，铁是一个特例，它是原子核中的金凤花姑娘[ii]（Goldilocks），它异常稳定。

由于没有途径提供能量来阻止不可避免的坍缩，在引力的作用下，一颗核心富含铁的恒星处在命运的转折点上。此时，这颗恒星还有最后一线生机，来阻止彻底的坍缩。恒星诞生之时，

---

i 生产过程中，在投入固定的情况下，增加额外投入的边际收益越来越低。

ii 金凤花姑娘是美国传统童话中的一个角色。她喜欢不冷不热的粥，不软不硬的椅子，总之是"刚刚好"的东西，所以后来美国人常用金凤花姑娘来形容"刚刚好"。

电子被从氢原子上扯下来，在四周游荡。随着恒星密度的增大，这些游荡的电子由于泡利不相容原理对坍缩做了最后的抵抗。泡利不相容原理是量子理论中的一条重要原理，对原子的结构形成和稳定性至关重要。粗略地说，这条原理是指电子聚集在一起的密集程度是有限的。对于密度较大的恒星，电子向外施加的压力会随着恒星的坍缩而增加，直到能够阻止由于引力导致的坍缩。一旦发生这种情况，恒星就被长时间困在一种羸弱的状态。它没有燃料可以燃烧（这就是为什么一开始它会坍缩），因为电子产生的压力，它也不能进一步坍缩。这样的恒星被称为白矮星——一个对无法挽回的荣光的漫长纪念——生机勃勃的生命创造者现在被压缩成一个小行星大小的残留。在一个比宇宙年龄要长的时间尺度里，白矮星逐渐冷却直到从视野中消失。我们想起了大爆炸理论之父乔治·勒梅特（Georges Lemaitre）在回顾宇宙从光明到黑暗的必然过程时所作出的感慨："可以把宇宙的演化比作刚刚结束的烟花表演：几条烟丝、几块灰烬和几缕烟雾。站在冰冷的灰烬旁，我们缅怀着迟暮的太阳，并试图回忆那早已逝去的、创世时的辉煌。"

　　整本书贯穿一个目标，就是仔仔细细地解释为什么事物如其所是，伴随着讲解的深入，还要为其提供论证和论据。但这里对恒星是如何工作的描述，看起来有些空泛，显然这已经偏离了我们仔仔细细解释的风格。因此，你甚至会提出反对意见：我们不可能知道恒星是如何工作的，因为在恒星上做实验是不可能的。但这不是简短的理由。我们讲的简短，是因为这样可以避免陷入细枝末节。霍伊尔卓越的工作和"超级神冈"实验的成功，加上印度物理学家苏布拉曼扬·钱德拉塞卡（Subrahmanyan Chandrasekhar）的最后一个精彩预言就足以作为证据了。在

20 世纪 30 年代早期，仅凭已建立的物理学理论，他预言了白矮星（无自转的）应该有一个质量上限。钱德拉塞卡最初估计的这个质量上限为 1 个太阳质量（即以太阳的质量作为单位），后来经过更精确的计算，他得出 1.4 个太阳质量。钱德拉塞卡进行他的工作时，仅有少数白矮星被观察到了。今天，人们已经观察到了大约 1 万颗白矮星，它们的质量都接近太阳的质量。没有一颗白矮星的质量超出了钱德拉塞卡的最大值。在地球上一个昏暗的实验室中，从简单实验装置中发现的规律适用于整个宇宙，这是物理学真正的乐趣。钱德拉塞卡正是利用了物理规律的普遍性做出了他的预测，并因此获得了 1983 年诺贝尔奖。他的预言得到了证实，这表明物理学家有权利非常确信他们真的知道恒星是如何工作。

　　恒星都注定要以白矮星的形式结束生命吗？上一段的内容表明了这一点，但并不是全部，还留有其他线索。如果白矮星质量不可能大于 1.4 个太阳质量，那么质量比这更大的恒星最后会怎样呢？也许大质量恒星可以摆脱一部分质量从而满足钱德拉塞卡的限制，但除此之外，还有两种可能，对应着两种不同的恒星命运。对于这样两种情况，随着恒星的坍缩，较大的初始质量意味着电子最终将以接近光速的速度四处运动。一旦发生这种情况，将毫无出路：电子产生的压强[i]将不足以抵抗重力。对这些大质量的恒星来说，命运的下一阶段就是中子星。这个过程将点燃最后一次聚变反应，由于质子和电子移动得非常快，有足够的能量启动质子—电子聚变，生成中子。该反应是 β 衰变的反过程，因为在 β 衰变过程中，中子自发衰变为质子和电子并释放出中微

---

i　电子简并压。

124

子。最终，这类恒星演变成了一个全部由中子组成的球体。中子星的密度惊人地大：一茶匙中子星物质比一座山还重。把一个比太阳质量还大的恒星压缩成一个城市大小[i]，就是中子星。此外，科学家观察到的许多中子星以惊人的速度旋转，它们是一座座宇宙灯塔，将辐射抛向外空。这些星体被称为脉冲星，是名副其实的宇宙奇观。对于一些已知的脉冲星，其质量接近太阳的两倍，但直径却只有 20 千米，它们以每秒超过 500 转的速度旋转。还有，力在这颗星体上的狂暴程度，是超出我们的想象的。

　　除了中子星外，还有一种命运等待着更大的恒星。就像白矮星中的电子可以接近光速一样，中子星中的中子可能突破爱因斯坦设定的限制。当这种情况发生时，没有任何力量可以阻止中子星坍缩成黑洞，这是它们命运的最终归属。今天，我们对黑洞内部时空物理的认识还不完整。我们将在最后一章看到，质量会扭曲时空，使它偏离我们熟悉的闵可夫斯基时空。对于黑洞，它造成了时空的极度扭曲，以至于连光都无法逃脱它的魔爪。在这样极端的环境中，目前所知的物理定律都会被打破。因此，探索黑洞是 21 世纪科学的一项重大挑战。只有完成这个挑战，我们才能讲完恒星的故事。

---

i　中子星的最大质量的估算，类似于钱德拉塞卡对白矮星质量极限的计算，即假设中子在形成中子星时不会以接近光速的速度运动。（原书注）

第七章　质量的起源

$E=mc^2$ 的发现是个转折点，标志着物理学家看待能量的新方式。它让我们认识到，质量本身储存着一种巨大的潜在能量。之前，没有人能够想象到这种能量的规模：单个质子质量中所储存的能量是典型化学反应所释放能量的 10 亿倍。乍一看，我们好像找到了解决能源问题的办法，并且这种方法长期有效。但美中不足的是：物质很难被完全摧毁。在核电站中，只有很小一部分核燃料的质量被摧毁，其余的则转化为较轻的元素，其中一些还是剧毒的核垃圾。即便是太阳内部的核聚变过程，质量转化为能量的效率也非常低。被摧毁的质量占比微乎其微，这仅仅是原因之一。另一个原因是质子发生核聚变的机会非常渺茫，因为反应的第一步是质子转化为中子的过程，这是一个非常罕见的过程。事实上，在太阳的内核，一个质子与另一个质子聚合成氘核，并释放能量的过程，平均需要大约 50 亿年的时间。此外，若不是量子理论在小尺度占据了核心地位，这个过程可能永远不会发生。在前量子世界里，太阳的温度根本不足以让质子靠得足够近，引发聚变反应——太阳的温度必须是 1000 万度，比当前太阳温度高 1000 倍。1920 年，当英国物理学家阿瑟·艾丁顿爵士首次提出核聚变可能是太阳的能量来源时，他很快意识到这一理论所潜在的问题。艾丁顿十分坚信氢聚变成氦是其能量的来源，并且坚信很快就会找到解决低温难题的方法。他说："我们拥有的氦气一定是在某个时间某个地方通过挤压而形成的。"他还说："不要与那些认为星星的温度不足以产生这个过程的专家争论，告诉他们去寻找一个更热的地方。"

"半斤换八两"，质子转化为中子的过程非常难实现，以至于太阳将质量转化为能量的效率比人体低几千倍[i]。平均来说，1千克太阳上的物质只能产生 1/5000 瓦的能量，而 1 千克人体产生的能量一般在 1 瓦以上。当然，太阳巨大的身段最后弥补了相对低效的质能转换效率。

本书一直强调自然运行的规律性。因此，不要因为像 $E=mc^2$ 这样的方程预示了某种希望就兴奋不已。人类的想象和实际的事物有着天壤之别。尽管 $E=mc^2$ 给予希望，让我们兴奋，但是我们必须理解质量是如何被摧毁的，能量是如何被释放的。毕竟，从这个方程，我们看不出任何把质量转化为能量的方法。

过去的一百年，物理学取得了长足的发展。其中，最奇妙的一点是，它让人认识到，一小部分定律就可以解释几乎所有的物理现象，起码原理上可以摆平它们。早在 17 世纪末，当牛顿写下他的运动定律时，物理学似乎已达到了这个目标，因为，他之后的两百年，几乎没有任何科学发现与之相悖。在这件事上，牛顿相当谦虚。他曾经说过："我就像一个在海边玩耍的孩子，不时地捡起一块光滑的鹅卵石或漂亮的贝壳，然而我对浩瀚的真理之海却熟视无睹。"牛顿的比喻捕捉到了物理研究的本质，我们花费时间，我们收获一个个小的奇迹。对于美

---

i   人体将食物中的生物质能转化成人体的化学能。

丽的自然，宣称找到了终极理论几乎是没有必要的，甚至是鲁莽的。尽管科学的哲学思考有着适当的谦虚态度，但是后牛顿时代的世界观却认为，万物是由完全遵守牛顿物理定律的小单元组成的。不可否认，这一世界观有很明显的问题没有给出解答：事物到底是如何组合在一起的？这些小单元究竟又是由什么组成的？即便如此，也很少有人怀疑牛顿理论在事物中的核心地位，剩下要做的事被认为是些修修补补的工作。然而，随着物理学的发展，等到了19世纪，人们发现了一些新的现象，对这些现象的分析推翻了牛顿理论，并最终打开了爱因斯坦相对论和量子力学的大门。牛顿建立的理论大厦最终被推翻了，更准确地说，它成了一个自然理论的更准确近似理论。一百年后，情形相同，我们可能没能吸取教训，再次声称我们有了一个关于（几乎）所有自然现象的理论。我们很可能又错了，当然，这也不是坏事。需要铭记的是科学的傲慢往往最后自取其辱。那种认为我们对自然界的运作了解得足够多，甚至都要了解的看法，损害了，也将永远损害人类的精神。在1810年，汉弗莱·戴维做了一次公开演讲，对此他给了一个完美的阐述："认为我们的科学是终极的，认为自然界中不再有新的秘密，认为我们取得了最终胜利，认为再没有可征服的新领域了，没有什么比这些假定更损害人类心智的进步了。"

　　也许现有的物理学只是冰山一角，也许我们正在接近一个"万有理论"。无论是哪种情况，可以肯定一件事：我们掌握了一个确实被证明的理论。为此，全世界成千上万的科学家，付出了巨大的努力，历经了艰辛的过程，研究了各个领域的实验现象。这个理论相当惊人，尽管它统一了许多内容，但它的核心方程却能写在一张信封的背面。

$$L = -\frac{1}{4}W_{\mu\nu}W^{\mu\nu} - \frac{1}{4}B_{\mu\nu}B^{\mu\nu} - \frac{1}{4}G_{\mu\nu}G^{\mu\nu}$$
$$+ \overline{\psi}_j \gamma^\mu (i\partial_\mu - g\boldsymbol{\tau}_j \cdot \mathbf{W}_\mu - g'Y_j B_\mu - g_s \mathbf{T}_j \cdot \mathbf{G}_\mu)\psi_j$$
$$+ |D_\mu \phi|^2 + \mu^2 |\phi|^2 - \lambda |\phi|^4$$
$$- (y_j \overline{\psi}_{jL} \phi \psi_{jR} + y'_j \overline{\psi}_{jL} \phi_c \psi_{jR} + \text{conjugate})$$

方程式 1

这个核心方程为主方程，它是粒子物理标准模型的核心。虽然对大多数读者来说，瞅一眼这个方程没有多大的意义，但我们还是忍不住把它拿了出来。只有专业的物理学家才会去搞懂方程里面的细节，我们不为他们费心思。我们首先讲述一个最奇妙的物理学方程，一会儿我们会多花点时间解释它的奇妙特性。我们完全可以把里面的数学丢在一边，仅凭符号的讨论取得对它的理解。那么先让我们热热身，介绍下主方程吧，它用来做什么，它能干什么。主方程的作用是给定宇宙中粒子与其他粒子相互作用的规则。唯一例外的是没有考虑万有引力，这使很多人懊恼不已。尽管没包括万有引力，它的应用范围还是非常广泛的。因此，主方程的求解无疑是物理学史上最伟大的成就之一。

首先，让我们弄清楚两个粒子相互作用的意思。当我们说两个粒子相互作用时，我们是指粒子的运动由于一个粒子作用到另一个粒子上发生了改变。例如，当两个粒子相互作用时，它们改变了运动方向，从而互相散开。或者它们会因相互作用，旋转着进入彼此环绕的轨道，从而被俘获到物理学家常说的"束缚态"中。原子就是这样，拿氢原子来说，一个电子和一个质子就是根据主方程的规则束缚在了一起。上一章中，我们了解了许多有关结合能的知识，了解了计算原子、分子和原子核的结合能的规则，这些规则都包含在主方程中。从某种意义上说，知道了这

130

一规则意味着我们是在一个非常基本的层面解释宇宙运行的。那么构成万物的粒子是什么？它们又是如何相互作用的呢？

标准模型的起点是物质存在。准确地说，它假定物质存在包含 6 种"夸克"，3 种"带电轻子"（电子是其中之一）和 3 种"中微子"。这些构成物质的基本粒子出现在主方程中，你可以看到，它们用希腊字符 Ψ（发音为"psi"）[i] 表示。此外，每个粒子还对应一个反粒子。反物质不仅仅出现在科幻小说中，它是宇宙必不可少的组成部分。20 世纪 20 年代末，英国理论物理学家保罗·狄拉克（Paul Dirac）最先意识到引入反物质的必要性。当时，他预言了正电子的存在。正电子对应着电子，与电子的质量完全相同，但电荷却相反。我们之前遇到过正电子，两个质子聚合成氘核的过程就有正电子产生。科学理论若想取得成功，得到人们的认可，那么它必须能够预测一些以前从未见过的事物。这个"事物"被之后的实验观察确证，就能说明我们取得了对宇宙运行的真实情况。进一步讲，一个理论做出的预测越多，并得到实验的验证，我们对这个理论就越深信不疑。相反，若实验检测不到理论预测的东西，那么这个理论就不可信，必须抛弃。在寻求科学理论的过程中，实验是最终的仲裁者，没任何商量的余地。几年后，卡尔·安德森首次在宇宙射线中直接观测到了正电子，狄拉克迎来了他的辉煌时刻。由于他们的努力，狄拉克被授予了 1933 年的诺贝尔奖，安德森被授予了 1936 年的诺贝尔奖。尽管正电子看起来很神秘，但如今，它在世界各地医院中发挥着日常作用。PET 扫描仪（正电子发射计算机断层扫描的简称）借助正电子能使医生构建人体的三维图像。当狄拉克思考反物质

---

i 国际音标：/psai/。中文读音：普西。

的概念时，他不可能想到该概念会应用到医学成像中。这再次表明，了解宇宙的内部运作是非常有用的。

　　除了以上粒子，还有一个粒子被认为是存在的，但现在讨论它有点早。它在主方程的第三行和第四行中，由希腊字符 ϕ（发音为"phi"）[i] 表示。除了这个"特殊粒子"，所有的夸克、带电轻子和中微子（以及它们对应的反物质粒子）都被实验发现了。当然，不是用眼看到的，而是用最新的离子探测器。这种探测器类似于高分辨率相机，可以快速拍下基本粒子闪现时的快照。一般，物理学家发现基本粒子中的一个就能获得诺贝尔奖。2000年，最后一个基本粒子 τ 子中微子(tau neutrinos)被发现。这个粒子是电子中微子幽灵一般的兄弟，它们在核聚变中生成，从太阳不断地流出。τ 子中微子的发现完成了 12 个物质粒子拼盘。

　　"上夸克"和"下夸克"是最轻的夸克，质子和中子就是由它们构成的。质子由两个上夸克和一个下夸克组成，而中子则由两个下夸克和一个上夸克组成。质子和中子构成原子核，原子核又被相距较远的电子包围形成原子。我们身边的物质就是由这些原子构成的。因此，上下夸克和电子是常见物质的基本粒子。顺便提一句，这些粒子的名字没有任何科学意义。"夸克"一词就取自爱尔兰小说家詹姆斯·乔伊斯的《芬尼根守灵夜》(*Finnegan's Wake*)，它由美国物理学家默里·盖尔曼引入。盖尔曼需要三个名字来解释当时发现的粒子，他觉得乔伊斯的这一段话非常合适：

　　　　冲麦克老人三呼夸克！他一定没从吼叫（bark）中

---

i　中文读音：斐。

得到什么，他拥有的东西肯定都远离这 mark[i]。

　　盖尔曼后来写道，事实上，在遇到《芬尼根守灵夜》语录之前，他脑海中已经有了一个声音来命名核子，因此，他想把这个词读成"郭克"（qwork）[ii]。但在这首押韵的诗中，"夸克"显然要与"马克"和"巴克"（bark）押韵，因此读音有点问题。盖尔曼继续争辩道，这个词的意思可能是一种啤酒的计量单位——"夸脱"[iii]，而不是那种"海鸥的叫声"，因此，他要维持原来的发音。也许我们永远不会知道它该怎么读。后来又有三种夸克被发现，其中，最后一个夸克顶夸克在 1995 年被发现。这让夸克的出处显得更加不合适。这是对之后物理学家的一个警示，不要在晦涩难懂的文学参考中寻求命名的方法。

　　尽管盖尔曼遇到了命名的困难，但他有关质子和中子是物体更小单元的假设得到了证明。1968 年，理论做出预测的四年后，人们在加利福尼亚州斯坦福的粒子加速器上发现了夸克的身影。随后，盖尔曼和发现夸克证据的实验人员获得了诺贝尔奖。

　　除了刚才讨论的物质粒子和神秘的 ϕ 之外，我们还需要提一下其他一些粒子。它们是 W 粒子和 Z 粒子，光子和胶子。我们首先对它们扮演的角色做一两句说明。这些粒子负责其他粒子之间的相互作用。如果这些粒子不存在，那么物体之间不会产生任何相互作用。宇宙也将因此变得沉闷，死寂，令人恐怖。我们说，这些粒子是以承载物质粒子间的相互作用力为己任的。光子在

---

i　指夸克作为记号。

ii　他在命名核子时，先有的是声音，而没有拼法，不久之后，在偶尔翻阅詹姆斯·乔伊斯所著的《芬尼根守灵夜》时，才定名为"夸克"。

iii　容量单位，在英国和加拿大等于 2 品脱或约 1.14 升，在美国等于 0.946 升。

带电粒子（如电子和夸克）之间传递相互作用力。从一定意义上讲，它是法拉第和麦克斯韦所发现的所有物理的基础。此外，它还构成了可见光、无线电波、红外线和微波、X 射线和伽马射线。这样说没错，光子流从灯泡发出，遇到书本页面被反弹，然后流入你的眼睛中，这里你的眼睛是一个无比精密的光子探测器。按照物理学家的说法是：光子传递电磁相互作用。与无处不在的光子相比，胶子在身边就没那么普遍了，但它的作用同样重要。原子核是一个带正电荷的球（回想一下，质子都是带电荷的，而中子不是），它位于原子的中心。在原子核中，由于电磁力，质子相互排斥，就像两个同极磁铁极推到一起所发生的事情一样。它们不想挤在一起，更倾向于相互飞离。幸运的是，这并没发生，原子也没有散开。胶子因传递将核内质子"胶合"在一起的力而得名。它还负责将质子和中子中的夸克黏合在一起。这个力必须足够强，以克服质子间电磁相互作用引起的排斥力，因此它被称为强力。你看，在命名方面，我们并没有什么荣耀可言。

W 粒子和 Z 粒子可以放在一起来讲述。没有它们，行星就不会发光。在太阳的核心，W 粒子尤为重要，它在质子转化为中子时发挥了重要作用（氘核形成过程）。将质子转化为中子（其反过程）并不是这种弱力的唯一作用。它负责自然界基本粒子之间数百种不同的相互作用，其中许多已经在欧洲核子研究中心的实验中进行了研究。除去太阳光芒，W 和 Z 的作用在日常生活中并不那么明显，这一点更像胶子。中微子只能通过 W 和 Z 粒子产生相互作用，正因如此，我们很难捕捉到它们。如上一章所讲的，每秒有几十亿个中微子穿过大脑，而你什么也感觉不到，原因就在于 W 粒子和 Z 粒子所携带的力是极其微弱的。你肯定已经猜到了，我们把它命名为弱力。

讲述至此，我们也只是列出了在主方程中"玩耍"的粒子。12个物质粒子被事先安插到了理论中，为什么会有12个粒子呢？我们对此一无所知。20世纪90年代，欧洲核子研究中心对Z粒子衰变为中微子的过程进行了观察，有证据表明物质粒子确实不超过12个。然而，只有其中的4个（上夸克和下夸克、电子和电子中微子）好像才是宇宙构建所必需的，那么其他8个的存在就显得有点神秘了。我们怀疑它们在极早期宇宙中扮演了重要角色，但是它们又是如何参与到当今宇宙中的呢？这是物理学中的一个重大问题，尚未有明确答案。汉弗莱·戴维的观点未被挑战。[i]

在标准模型中，这12个物质粒子都是基本粒子，它们不能被拆分成更小的部分，它们是建筑的砖块。这看起来与常识相违背——小颗粒可以被切成两半，这是很自然的事情。但是，量子理论就不是这样——再次表明常识不能指导我们走向基础物理。在标准模型中，粒子没有结构，它们被认为是一些"点"，问题暂时这样解决。在未来的某个时候，也许可能会出现一个实验，表明夸克可以分裂成更小的部分，但关键是夸克不一定是这样的。点状粒子很有可能是故事的终点，子结构问题毫无意义。总之，一大堆粒子组成了我们的世界，主方程是理解它们如何相互作用的关键。

尽管我们一直在说粒子，粒子，但比较微妙的一点是"粒子"这个词可能不恰当。这些粒子不是通常意义上的粒子，它们不会像缩小的台球一样相互弹碰。相反，它们更像游泳池表面的水波一样相互作用，这些水波在池子的底部产生晃动的光影。这好像是说这些粒子在保持粒子特性的情况下，还具有波的特性。这种粒子与波结合的画面起源于量子力学，与直觉极其相悖。然

---

i 本章的开始讲述了戴维的一则公开演讲，支持现有物理理论是冰山一角的观点。

而，主方程严格（即以数学形式）规定了这些相互作用的波动特性。可是，当我们写下主方程的时候，我们究竟写了什么？该如何理解它？主方程又起源于哪些原理？在解决这些非常重要的问题之前，让我们更深入地去研究下主方程，了解下它的真实含义。

主方程的第一行代表 W 粒子、Z 粒子、光子和胶子所携带的动能，这行告诉我们这些粒子是如何相互作用的。有一点我们还没提起但确实在方程里面：胶子可以与其他胶子相互作用，W 粒子和 Z 粒子可以相互作用；W 粒子也可以与光子相互作用，但光子和光子的作用却没有，事实上它们确实没有相互作用。我们很幸运，因为假使它们之间有相互作用的话，我们就很难再看到东西。也就是说，我们能读这本书全仰仗于光子这样了不起的性质。奇妙的是，从书本中发出的光在进入眼睛前，不会因其他光子（周围转脸就可以看到的物体发出的光子）的挡道而发生偏离。光子径直划过，彼此"透明"。

这方程的第二行包含大部分作用。它描述物质粒子是如何相互作用的。其中包含由光子、W 粒子、Z 粒子以及胶子传递的相互作用。还包含了物质粒子的动能项。我们暂时放一放主方程的第三和第四行。

正如我们所强调的，除重力外，主方程暗藏着其他所有的基本物理定律。18 世纪末，查尔斯·奥古斯丁·德·库仑（Charles Augustin de Coulomb）用公式描述的静电排斥就在这里（暗藏在前两行中），同样，整个电学和磁学也在这里。当我们"询问"主方程带电粒子的相互作用时，法拉第的理解和麦克斯韦优美的方程都会浮现出来。当然了，这里所有的结构都以爱因斯坦的狭义相对论为基础。事实上，标准模型中，描述光和物质相互作用的部分被称为量子电动力学。"量子"的意思是指麦克斯韦的方程组必须用量子理论来修正。这些修正很小，却引起了微妙的效果，20世纪中叶，理查德·费曼等人首次对此做了探索。除此之外，主方程还包含有关强相互作用力和弱相互作用力的物理内容。它详细明确了这三种力的特性，这意味着自然的规则被数学方法精准地表述了出来，没有半点歧义和冗余。因此，除了万有引力外，我们的理论似乎接近了大统一理论。毫无疑问，没有人从实验中或从对宇宙的观察中发现任何证据，表明宇宙中存在第五种相互作用力。绝大多数日常现象都可以用电磁学和万有引力定律完美解释。弱相互作用力使太阳保持燃烧，但却很少在我们日常生活中发挥作用。强相互作用力使原子核保持完整，但几乎没有从原子核走出来，把它的巨大威力延伸到宏观世界上来。像桌子和椅子这样的固体属性，实际上是一种错觉，它是由电磁力产生的。实际上，物质内部绝大部分是空的。对于一个原子，若把原子核想象为一颗豌豆，那么电子就是距离豌豆一千米的一粒高速运动的沙粒，除此之外，原子都是空的。把电子比作"沙粒"有些牵强了，应该知道的是它更像波而不是沙粒，这里采用"沙粒"的类比意在烘托原子与原子核的大小对比。当我们用一个原子的电子云推动隔壁绕核呼啸运行的电子云时，物质的固体属性就产生了。因为电子是带电的，所以电子云会相互排斥并阻止原子通过，即便是它们基本上是空的也没有用。当我们透过玻璃窗向外看时，就会很容易发现一条物质为空的线索。虽然玻璃是固体，但光能轻而易举地穿过，带给我们窗外世界的图像。事实上，我们更应该感到惊讶的是为什么木头不是透明的！

　　能把那么多的物理理论塞进一个方程确实令人印象深刻。这充分体现了维格纳的"数学极不合理的有效性"。为什么这个世界不能再复杂一点？为什么我们可以把庞杂的物理浓缩成一个方程？为什么不需要一个复杂编目的数据库和百科全书？没有人知道大自然为什么允许我们以这样的方式对其进行概括。当然，正是它内在的优美和简洁，吸引了大量的物理学家沉浸在自己的工作中。因此，在提醒自己大自然不会屈服于这种美妙的简化之前，我们可以暂时陶醉于自然被揭示的大美之中。

说了那么多，我们还没有讲完，还没有触及标准模型至高无上的荣耀。它不仅包括了电磁相互作用，强相互作用和弱相互作用，而且把其中的两个统一了起来。表面上看来，电磁现象和弱相互作用现象没有任何关系。因为电磁现象是典型的可以被直观感知的现实，而弱力则深埋于黑暗的亚原子世界中。然而，令人称奇的是，它们实际上只不过是同一件事的不同方面罢了。仔细观看下第二行主方程，即使不懂数学，我们也可以"看见"物质粒子之间的相互作用。第二行涉及 W、B、G（胶子），它们夹在两个物质粒子 Ψ 之间。主方程的这一小部分告诉我们物质粒子是如何通过这些传递力的媒介和一些短线"耦合"在一起的。光子部分地存在于符号"B"中，同时部分地存在于符号"W"中，Z 粒子和光子一样。相比之下，W 粒子则完全存在于符号"W"中。这样的数学表述好像把 W 和 B 看作基本物体，然后它们的组合巧妙地变出了光子和 Z 粒子。结果是电磁力（光子作为媒介）和弱相互作用力（W 粒子和 Z 粒子作为媒介）交织在了一起。从实验角度来看，这意味着所测得的电磁实验现象的性质应该与弱力实验现象的性质相关。这是标准模型的一个预测，给人的印象非常深刻。因为这个预言，标准模型的设计者谢尔登·格拉肖夫、史蒂文·温伯格和阿卜杜斯·萨拉姆共享了诺贝尔奖。他们的理论能够预测 W 粒子和 Z 粒子的质量，并且是在 20 世纪 80 年代欧洲核子研究中心发现它们之前。标准模型让事物完美地结合在一起。格拉肖夫、温伯格和萨拉姆又是怎么知道方程的形式的呢？他们是怎么认识到"W 和 B 结合产生光子和 Z 粒子的"？这些问题触及了现代粒子物理的奇妙核心。他们不是仅仅靠猜测，他们有一条明晰的线索：大自然是对称的。

　　对称性非常常见。抓一片雪花拿在手中，仔细观察下这个美丽的大自然雕塑作品。它的图案按照数学的规律重复着，就像照镜子一样。更常见的是球体的对称，当它转动时，看起来没有发生什么变化；还有正方形的对称性，当沿着它的对角线或中心翻转时，也看不出什么变化。在物理学中，对称性的方式与之大致相同。如果我们对方程进行一种操作，方程却不发生改变，那么这个操作就是方程的一种对称。这听起来有点抽象，但是请记住，方程仅仅是物理学家用来表达真实事物之间关系的一种方式。所有重要的物理学方程都具有一个简单而重要的对称性，它表明这样的事实：把实验搬到火车上去做，如果火车没有加速，那么实验结果不会改变。我们对这个观点已经非常熟悉了，它就是伽利略的相对性原理，也是爱因斯坦理论的核心。用对称性的语言来讲，描述实验的方程并不取决于实验是在站台上还是在运动的火车上。因此，移动实验装置的操作，是方程的一种对称性。我们已经看到，这么简单的事实促使爱因斯坦最终发现了相对论。情况往往如此：简单的对称性引起深远的影响。

　　我们已经准备好去讨论格拉肖夫、温伯格和萨拉姆在发现粒子物理标准模型时所使用的对称性了。这个对称性有一个绚丽的名字：规范对称性。那么，什么是规范呢？在讨论它之前，我们先说说它有什么帮助吧。假设我们是格拉肖夫、温伯格和萨拉姆，正埋头寻找物体间的相互作用理论。首先，我们从建立一个粒子理论开始，这些粒子微小且不可分割。对于实验已经发现的粒子，我们最好囊括它们；否则，这一理论就是个半生不熟的理论。当然，我们可以绞尽脑汁，去弄清楚为什么是这些粒子构成了宇宙万物，或者为什么它们是不可分割的，但这会分散我们的注意力。事实上，这是两个很好的问题，只是我们仍然没有答案。优秀的科学家所要具备的一个素质是甄别哪些问题该问，以便推动发展，哪些问题应该放一放，留待未来解决。接着，让我们在这些现成的基础上，看看能否弄清楚粒子之间是如何相互作用的。如果它们之间没有相互作用，这个世界将会变得非常无聊——物体会穿过其他物体，毫无阻碍，没有东西聚合在一起，我们也永远得不到原子核、原子、动物或恒星。然而，物理学家做研究往往是先迈出一小步。当粒子之间没有相互作用时，构建粒子理论就不那么困难了——我们只能得到主方程的第二行，并且还要把 W、B、G 划掉。这就是量子理论，在粒子没有任何相互作用下的全部量子理论。我们迈出了一小步，即将迎来神奇的一幕。接下来，我们要求世界，以及我们的方程，具有规范对称性。结果是惊人的：主方程的第二行剩余部分和第一行便"免费"出场了。也就是说，如果理论要满足规范对称性的要求，我们必须依法修改"无相互作用"的粒子理论。理论突然间摇身一变，从世界上最无聊的理论变成了包含光子、W 粒子、Z 粒子和胶子的理论，并且，这些粒子传递物质粒子之间的相互作用。也就是说，我们从对称性得到一个这样的理论，它能描述原子的结构，恒星发光，以及像人类这样复杂的物体的组合。我们得到了这个万物理论的前两行公式。剩下的任务是解释这个神奇的对称性到底是什么，然后解释理论的后两行又是什么。

雪花的对称性是一种几何对称性，我们可以用肉眼看到。伽利略相对性原理背后的对称性用肉眼是看不到的，它很抽象，但却不难理解。规范对称性和伽利略相对性原理一样抽象，但稍微想象一下也可以理解它。为了把我们提供的描述和数学联系起来，我们刚才深入到了主方程中。让我们再来一次。我们刚才说过，物质粒子在主方程中用希腊符号 Ψ 表示。现在更深入地研究下。Ψ 是场。它可能是电子场，或者上夸克场，或者是标准模型中的任何物质粒子场。无论是哪个，场有最大值的地方就是离子最有可能出现的地方。现在把讨论集中到电子身上，但是这些讨论对夸克、中微子等其他粒子都是一样的。如果某个地方的场为零，那么那里就找不到粒子。提起场，你可能首先想象到一块长满了草儿的原野。但也许有山峰和峡谷的起伏地形更能使场形象化。有山峰的地方场最大，有峡谷的地方场最小。我们鼓励你想象出一个假象的电子场出来。令人惊讶的是，主方程是模棱两可的，它不能给出确切的答案，我们不能因此确定周围电子的位置。我们所能做的是指出，电子更可能出现在这里（有山峰的地方），而不太可能在那里（有峡谷的地方）被发现。我们可以确切地给出这里或那里发现电子的概率。这已经不错了。这种对微观世界描述的不确定性是由占主导地位的量子理论引起的，它只能处理事情发生的概率。对于微观距离，位置和动量等概念确实存在基本的不确定性。顺便说一下，爱因斯坦非常不喜欢世界按照概率定律运行的事实，对此他讲过一句著名的话："上帝不投骰子。"但是，他不得不承认量子理论是非常成功的。它完美解释了我们在亚原子世界做的所有实验。如果没有量子物理，我们都无法理解计算机芯片的工作机制。也许将来会有人提出更好的理论，但目前量子理论是我们最好的工具。本书一直强调，当解释日常感受之外的现象时，我们发现大自然一点也没按照常识给出的规则运行。我们的常识发展出了宏观世界的力学，而不是量子力学。

现在，我们回到手头的任务上来。既然量子理论定义了游戏规则，那么我们就不得不谈谈电子场。但是，在明确场并布置了场的类比地形后，我们还没有完全把它讲完。量子领域的数学还潜伏有一个令人惊讶的问题。它们的描述有多余的地方。对地形上的点，无论是山峰还是峡谷，数学表明，我们必须指定该点的场值（比如，在地形类比中的海拔高度），这个场值对应着在该点发现粒子的概率；除了指定场值外，数学还要求我们必须指定该点处一个称为场的"相位"的量。最简单的相位图像可能是带有一个指针的表面或表盘（或仪表）。指针指向 12 点对应一个相位，指针指向 12 点半，对应另一个相位。想象一下，在电子场地形中的每一点上都放置一个微小钟面。每个钟面显示所在区域的相位。当然了，这些不是真正的钟表（它们不测量时间）。早在格拉肖夫、温伯格和萨拉姆之前，相位就已经被量子物理学家所熟知。除此之外，量子物理学家也普遍相信，不同点之间的相对相位很重要，但相位的实际值并不重要。比如，若把所有的小时钟拨快 10 分钟，什么也不会改变。重要的是每个时钟必须拨同样的量，若忘记一个，那么将会得到一个不同的电子场。因此，这个世界的数学描述有它多余的地方。

1954 年，在格拉肖夫、温伯格和萨拉姆建立标准模型的前几年，在布鲁克海文实验室，共用一间实验室的两位物理学家杨振宁和罗伯特·米尔斯（Robert Mills）就在思考相位冗余可能带来的重大意义。当人们无缘无故地摆弄想法时，物理学往往会因此取得进展，杨和米尔斯当时就做着这样的事情。他们很好奇，如果大自然根本不关心相位的话，会发生什么。也就是说，他们搞乱了相位，摆弄着方程，以便找出可能的结果。这事听起来很奇怪。但如果真让几个物理学家闲坐在办公室里，他们一定会干这种事情。现在，回到场的地形类比中，这好比走在场中，随意拨动着小时钟指针的场景。这看起来很简单——但是你不能这样做。这不是大自然的一种对称。

具体地讲，让我们回过来看看主方程的第二行，划掉所有的 W、B、G 项。这样我们得到了可以想象的最简单的粒子理论：粒子就在那里，从不发生相互作用。如果我们突然拨动小钟面，这方程的这一小部分肯定不会保持不变（光看方程这一点是看不到的）。杨和米尔斯知道这一点，但他们更加执着。他们问了一个很棒的问题：我们怎样才能操作这个等式，使它保持不变？答案很神奇。我们必须精确地往主方程中加入刚才删除的项，没有别的办法。这个操作魔法般地得到了传递力的媒介，刹那间，一个没有任何相互作用的理论蜕变成一个能够描述我们真实世界的理论。主方程不关心钟面（或仪表）上的值，这就是我们所说的规范对称性。然而，规范对称性限制了我们的选择：规范对称性必然导致主方程。也就是说，使世界丰富多彩的力来源于自然所遵守的规范对称性。还需要再多说一点，杨和米尔斯开创了这个局面，但他们的工作兴趣主要是数学，这个工作在粒子物理学家找到基础理论适用的粒子之前就已经完成了。正是格拉肖夫、温伯格和萨拉姆明智地接受了他们的想法，并用它来描述现实世界。

我们看到了主方程（支撑标准模型的方程）的前两行是如何写出来的。我们了解了其适用范围和内容。此外，我们也看到了它不是什么特别的，相反我们在规范对称性下不可避免地导出它。既然我们更好地理解了这个重要的方程，我们就可以回到最初引导我们的任务上来了。我们的任务是搞清楚自然法则允许质量和能量可以在多大程度上相互转化。当然，答案就在主方程中，因为它给出了规则。但是还有一种更有吸引力的方法来搞清楚这回事，同时解释粒子是如何相互作用的。这种方法涉及一种图形，它们最初是由理查德·费曼引入到物理学中的。

　　当两个电子相互靠近时会发生什么？两个夸克呢？中微子靠近反中微子呢？等等。这些粒子将以主方程精确规定的方式发生相互作用。两个电子因带有相同的电荷相互排斥。电子和反电子会因带相反的电荷相互吸引。这些物理知识都在主方程的前两行中，而所有的这些都可以总结为几条规则，并且这些规则可以形象地画出来。这确实是一件非常简单的事情，虽然搞清楚细节需要多些努力。我们将坚持基本规则。

　　再看看第二行，主方程包含两个 Ψ 和 G 的项是唯一与夸克相互作用相关的部分，该项表明两个夸克通过强力产生相互作用。主方程揭示了两个夸克场和一个胶子在时空中的一点产生相互作用。它还揭示了这是它们产生相互作用的唯一方式。因此，这一部分的主方程告诉我们夸克和胶子是如何相互作用的，一旦理论具有了规范对称性，这一切都被准确地规定好了。我们别无选择。费曼意识到所有基本相互作用本质上都是这样简单的，他为理论允许的可能相互作用绘制了图。图 14 展示了粒子物理学家绘制的夸克—胶子相互作用图。图中，曲线代表胶子，直线代表夸克或反夸克。图 15 给出了标准模型允许的其他相互作用，这些相互作用来自主方程的前两行。不要担心图中的细节问题。我们通过图想说明的是，这些相互作用可以被写出来，并且数量有限。光的粒子（光子）用符号 γ 表示，而 W 粒子和 Z 粒子用它们本身进行标注。六种夸克一般

标记为 q，中微子显示为 ν（发音为 nu[i]），三种带电轻子（电子、μ 子和 τ 子）标记为 l。 反粒子通过在相应的符号上画一条线来表示。这样就简洁多了。粒子物理学家常把这些图称为相互作用顶角（interaction vertices）。你可以把这些顶点串起来，形成更大的图，每一个图都表示自然界中发生的过程。相反，如果一个过程不能用这样的图像刻画，那么这个过程就不会发生。

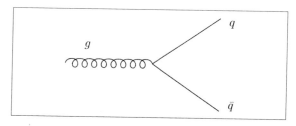

图 14

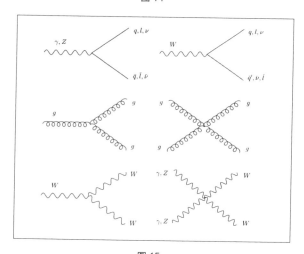

图 15

i 中文注音：拗。

费曼的贡献不仅仅是引进费曼图。他还把从主方程导出的数学规则与顶角联系起来。合成的费曼图中，这些规则叠加起来，就能使物理学家计算出与该图对应的实际过程发生的概率。例如，两个电子相遇的问题，最简单的费曼图由图 16 给出，该图由两个电子——光子顶角连接而成，表示电子通过交换光子发生散射。通过该图很容易想象这一图像：两个电子从左边进入，然后交换光子发生散射，最后从右边离开。实际上，我们在这里偷偷地加入了另一条规则：只要你把粒子引进来，你可以把它翻转成一个反粒子（反之亦然）。图 16 就给出了另一种将顶角连接的方法，同样，它也对应电子相互作用的一种可能方式。稍微思考下就会发现有无数种可能的费曼图，代表着无数种方式的电子散射。幸运的是，某些图比其他图重要，这对我们做计算是非常有利的。判断费曼图的重要性很容易，一般说来，图越重要，顶角越少。因此，针对一对电子相互作用，图 16（a）所示的费曼图是最重要的，因为它只有两个顶角。这意味着我们只需要根据费曼规则对该图展开计算，就可以很好地理解发生了什么。令人兴奋的是，在处理两个带电粒子相互作用时，从这些数学里赫然显现的物理学，正是早先法拉第和麦克斯韦发现的物理学。但是，现在我们可以宣称，我们更好地理解了这些物理的起源，因为我们从规范对称性导出了它们。除了为理解 19 世纪物理学提供了一种新方法，费曼规则还给我们带来了更多的东西。即使是对两个电子相互作用的问题，费曼规则的计算也能够对麦克斯韦的预测进行改进，这些小的改进，修正了麦克斯韦方程组，使得方程组所得到的数据与实验结果更加一致。因此，主方程正在开辟新的天地。这里我们只是触及了冰山一角。正如我们所强调的，标准模型描述了我们已知的粒子相互作用方式，它是关于强力、弱力和电磁力的完整理论，它甚至还成功地将其中的两个统一了起来。这个理解宇宙事物间如何相互作用的宏伟图景，只有引力没被纳入其中。

但是我们仍旧需要保持信息畅通。归纳了标准模型核心内容的费曼法则是如何规定了毁坏质量并将其转化为能量的手段呢？我们该如何使用它们来最好地利用 $E=mc^2$？首先，让我们回顾下第五章的一个重要结论——光是由无质量的粒子组成的。也就是说光子没有任何质量。现在有一幅非常有趣的图，如图17所示，一个电子和一个反电子（正电子）碰撞，湮灭并产生一个光子（为了清晰起见，我们把电子标记 e^-，把正电子标记为 e^+）。这个过程是费曼规则所允许的。我们必须重视这幅图，因为它代表着这样一种情况：碰撞前是有质量的（一个电子和一个正电子带有质量），而碰撞后质量消失了（一个光子）。这是一个质量全部毁灭的过程，所有禁锢在电子和正电子质量中的能量被释放出来了，变成了光子的能量。不过，有个问题。世间万物的反应过程必须同时遵循能量守恒定律和动量守恒定律。电子和正电子湮灭成单光子的过程不能同时满足这两个规律，是不被允许的（这不太容易看出来，我们也不去证明它）。但这个问题很容易绕过去——再加入一个光子。图18再次显示了该过程的费曼图，质量被全部毁灭，100% 转化为能量，并产生两个光子。这类过程在宇宙的早期有着举足轻重的作用，那时物质和反物质相互湮灭，几乎完全抵消。今天我们看到了那场湮灭的遗迹。天文学家观察到，宇宙中每一个粒子对应着大约 1000 亿个光子。也就是说，对于宇宙大爆炸产生的物质粒子，每 1000 亿个当中，只有一个能够幸存下来。其余的会像费曼图所描绘的那样，找准机会，剥离出质量，变成光子。

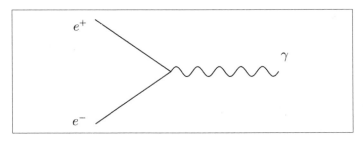

图 17

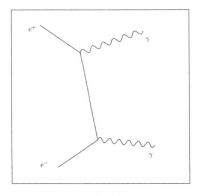

图 18

现实表明，组成恒星、行星和人类的物质只是宇宙早期大规模湮灭后的小部分残留。还有东西留下来，这简直太幸运了，太奇妙了！直到今天，我们也还不知道为什么会这样。"为什么宇宙不是仅仅充满了光，而不存在其他东西？"仍然是个开放的问题，为寻找答案，世界各地的实验室都开动了起来。我们不乏聪明的想法，但到目前为止，仍没能找到决定性的实验证据，也没能证明理论是错误的。俄罗斯的安德烈·萨哈罗夫以善于提出不同意见而出名，他在这一领域取得了开创性的工作。他首先提出了一些标准，任何试图回答为什么大爆炸会遗留物质的理论都必须满足他的标准。

我们了解到了自然界毁坏物质的机制。不幸的是，这种机制在地球上并不实用，因为，我们缺少生产和储存反物质的方法。据我们所知，尚没有发现有什么地方储存着反物质的矿产可供我们开采，即使是外太空，也没有反物质颗粒。反物质作为一个理想燃料却无法被利用，因为没有可开采的矿产。反物质可以在实验室中产生，但必须首先注入大量能量。因此，尽管物质—反物质湮灭是物质转化为能量的最彻底方式，但它并不能帮助我们解决能源危机。

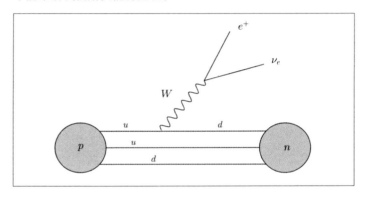

图19

那为太阳提供动力的核聚变呢？用标准模型的语言，该如何实现这样的过程？我们应该将注意力集中在 W 粒子的费曼图顶角上，这是关键所在。图19显示了两个质子聚变成氘核时的过程。不要忘记，质子是由三个夸克组成的：两个上夸克和一个下夸克。氘核是由一个质子和一个中子组成。其中，中子又主要由三个夸克组成，但这次是一个上夸克和两个下夸克。这张图显示了一个质子是如何转化为中子的，你会发现 W 粒子是关键。事实上，质子内部的一个上夸克通过发射一个 W 粒子变成了下夸克，从而将质子转变成了中子。从图上还可以看出，发射出来的 W 粒子不会停留在周围，随后它会消亡，转化为正电子和中微子[i]。在氚核形成过程中发射出的 W 粒子总是消亡的，现实中，没有人直接看到过 W 粒子，只是通过它消亡时产生的粒子追寻到了它的踪迹。经验表明，几乎所有的基本粒子都会消亡，因为对于每个粒子都会有一个令其消亡的费曼图顶角。但是也有例外，例外出现在当消亡的过程能量和动量不可能守恒时。这往往意味着最轻的粒子会存留下来。这是质子、电子和光子充斥着这个世界的原因。上下夸克是最轻的夸克，电子是最轻的带电轻子，光子没有质量，已经没有粒子可以让它们去衰变。例如，μ 子与电子几乎相同，只是比电子重些。还记得吗，在谈论布鲁克海文实验时，我们遇到过它？因为 μ 子质量比电子大，所以 μ 子衰变为电子而不违反能量守恒定律。此外，如图20所示，这种情况符合费曼规则，并且动量守恒也没问题，因为一对中微子也被发射出来。因此，μ 子确确实实可以衰变，它的平均寿命只有短暂的 2.2 微秒。顺便提一下，2.2 微秒相比于大多数粒子物理过程来说是一个比较长的时间尺度。相比于 μ 子，电子是最轻的标准模型轻子，通过衰变，没有什么它能转化的。因此，一个独立的电子永远不会衰变，而消灭一个电子的唯一方法是让它与它的反粒子一起湮灭。

　　回到氚核的问题。图19解释了如何通过两个质子的碰撞形成氚核，并且它还告诉我们，这样的每次核聚变都会产生一个反电子（正电子）和一个中微子。我们之前提到过，中微子与宇宙中其他粒子的相互作用非常微弱。因为主方程表明中微子是唯一仅凭弱力传递相互作用的粒子。因此，在太阳核心深处产生的中微子可以毫无阻拦地逃逸出来，它们流向四面八方，其中一些径

---

i　严格地说，它是一个电子中微子，因为其伴随着反电子一起产生。（原书注）

直朝地球飞来。同样，地球对它们来说也是透明的，它们穿越地球，视若无物。但中微子与地球上的原子产生作用的可能性非常小，但还是有的，并且"超级神冈"实验已经探测到了它们，这一点我们之前提起过。

在目前实验的精度范围内，我们能在多大程度上确定标准模型是正确的？多年来，标准模型在世界各地的实验室中经历了严格的测试。我们不用担心科学家会祖护这个理论。事实上，那里进行测试的科学家更希望发现模型的漏洞，并试图去推翻它。抓住新物理的闪光，开启令人眩晕的新天地，展现宇宙内部运作的新观点，这才是他们的梦想。然而，时至今日，标准模型经受住了一次次的测试检验。

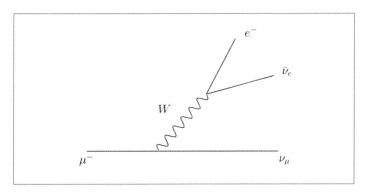

图 20

近来，检验标准模型的设备是欧洲核子研究中心的大型强子对撞机[i]。世界范围内的科学家在那里紧密合作，为了确认或打破这个模型理论。稍后我们会对强子对撞机进行讨论。我们先

---

i 大型强子对撞机（Large Hadron Collider，LHC），坐落于日内瓦附近瑞士和法国的交界侏罗山地下100米，总长17英里（含环形隧道）的隧道内。是一种将质子加速对撞的高能物理设备。

讨论下它的前身：大型电子—正电子对撞机（LEP）[i]。LEP 成功地进行了目前最精密的测试。在日内瓦和几个风景如画的法国村庄下面，它蜷缩在一个长达 27 千米的圆形隧道内，1989 到 2000 年间，它对标准模型进行了长达 11 年的探索。它用强电场朝一个方向加速电子束，同时朝反方向加速正电子束。粗略地讲，LEP 加速带电粒子的过程，类似于阴极射线管（CRT）朝电视机屏幕发射电子产生画面的机制。电子从电视机的背面发射出来，这是老式电视机相当笨重的原因。然后，发射出来的电子被电场加速到屏幕上，这个过程中，磁铁使电子束弯曲并覆盖整个屏幕产生图像。

在 LEP 中，磁场同样被采用了，这里采用磁场是为了将粒子轨道弯成一个圆，让它们沿着隧道的弧线运动。这样做的目的是让两束粒子汇聚到一起，从而使它们迎头相碰。如前所述，电子和正电子相碰，导致两者湮灭，从而它们的质量转化为能量。这样产生的能量引起了 LEP 物理学的强烈兴趣，因为根据费曼规则，它可以转化为更重的粒子。在 LEP 运行的第一个阶段，电子和正电子的能量值被精确调整，以提高碰撞过程 Z 粒子的生成概率（你可能会翻阅标准模型中的费曼规则表，去确定电子 - 正电子湮没成 Z 粒子是否是允许的）。与其他粒子相比，Z 粒子实际上是相当重的，它的质量近乎是质子的 100 倍，差不多是电子和正电子的 20 万倍。因此，电子和正电子必须被加速到零点几倍的光速，才能得到足够产生 Z 粒子的能量。当然了，仅凭囚禁在质量中并在湮灭时释放出来的能量是远远不够产生 Z 粒子的。

---

i 大型电子—正电子对撞机（Large Electron-Positron Collider，LEP）是欧洲核子研究中心的粒子加速器之一，1989 年开始营运，位于瑞士和法国的边界。大型正负电子对撞机的周长达 27 千米，专门加速电子和正电子。

设计 LEP 的初衷很简单：通过电子和正电子反复的碰撞持续不断地产生 Z 粒子。当粒子束碰撞时，电子束中的一个电子有一定的概率与正电子束中的一个正电子发生湮灭，并产生一个 Z 粒子。通过快速对射粒子束，让电子—正电子湮灭，LEP 运行期间已经生产了超过 2000 万个 Z 粒子。

和其他标准模型的重粒子一样，Z 粒子也是不稳定的，它的存在稍纵即逝，寿命仅有短短的 10^{-25} 秒。图 21 展示了 Z 粒子各种可能的产生过程，这些过程引起了 1500 名 LEP 物理学家的强烈兴趣，另外它们还吸引了全球范围内上万名物理学家，他们期待着测试结果。电子和正电子周围环绕着巨型粒子探测器，粒子物理学家利用它捕捉 Z 粒子衰变产生的物质并对此加以识别。如 LEP 使用的现代粒子物理探测器有几米宽，几米高，像一个巨大的数码相机，可以追踪穿过它的粒子。和加速器一样，它们也是现代工程的辉煌成就。在教堂般大的空间中，它们能够精确测量单个亚原子粒子的动量和能量。它们不愧是当今工程能力的巅峰，是我们探索宇宙运行规律的丰碑。

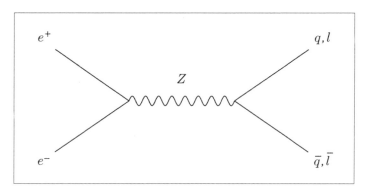

图 21

有了探测器和高性能计算机的帮助，科学家下一个目标是制订一个简单策略。他们需要对数据进行筛选，识别产生 Z 粒子的碰撞，然后确定每次碰撞过程中 Z 粒子是如何衰变的。有时它会衰变产生一对电子—正电子，有时会产生一对夸克—反夸克，或者是一对 μ 子—反 μ 子（如图21）。科学家的工作是记录标准模型预测的 Z 粒子每种可能机制的次数，并将结果与理论预测值进行对比。手上有了2000万个 Z 粒子的探测数据，他们能够对标准模型进行严格的检验，结果表明理论很完美。这个测试被称为分宽度测试，是 LEP 检验标准模型一种最重要的测试。此外，LEP 还进行了许多其他测试，这些测试都表明标准模型理论是可行的。直到2000年 LEP 在被最终关闭时，它的超精确数据使得标准模型的检测精度达到了 0.1%。

在离开检验标准模型这一话题之前，我们忍不住讲另一个例子，它来自完全不同的实验。电子（和许多基本粒子一样）就像微小的磁铁，一些非常精妙的实验被设计出来检测这类磁效应。这不是大型对撞机实验，没有物质和反物质的剧烈碰撞。取而代之的是一些精妙实验，能够测量到万亿分之一的磁性，精度非常惊人。这相当于用头发丝直径的精度去测量伦敦到纽约的距离。表面上看起来这不够惊艳，因为理论物理学家们也付出了辛苦的劳作。他们计算了同样的事情。像这样的计算过去只需要用笔和纸，但现在连理论学家也需要一台好电脑。

然而，理论学家从标准模型出发，带着清醒的头脑对模型的预测进行了计算，结果与实验值完美吻合。时至今日，理论和实验能够在一亿分之一量级上吻合。这是自然科学中，对理论最精准的检测。多亏了 LEP 和电子磁学实验，目前我们非常确信，粒子物理标准模型是正确的。这个万物理论状态良好，但是还要排除最后一个细节，一个比较大的问题。主方程的最后两行是什么？

我们刚才隐藏了一条重要信息，这对本书探索的核心问题非常重要。现在是拿出来的时候了。根据规范对称性的要求，标准模型中的所有粒子都没有质量。这是完全错的，物体拥有质量，不需要复杂的科学实验就可以证明。我们花了将近整本书来思考质量的问题，我们推导出了物理学中最著名的方程，$E=mc^2$，它里面就有一个"m"。主方程的最后两行就是解决质量问题的。理解了方程的最后两行，有关质量的起源问题，我们将有一个解释，这本书的探索旅程也将完成。

质量问题不难说明。如果把质量直接加到主方程中，方程的规范对称性就会被破坏。规范对称性是理论的核心，从中我们推出了自然界中所有的相互作用力。糟糕的是，在 20 世纪 70 年代，理论物理学家证明，放弃规范对称性是不可取的，因为那样模型就会崩溃，变得毫无意义。到了 1964 年，这一僵局被三个相互独立团队打破了。来自比利时的弗朗索瓦·恩格勒特和罗伯特·布劳特，来自伦敦的杰拉尔德·古拉尔·尼克、卡尔·哈根和汤姆·基布尔与来自爱丁堡的彼得·希格斯分别发表了具有里程碑意义的论文，并最终形成了希格斯机制。

怎么来解释质量呢？我们从一个没有质量的理论开始。在这个理论中，质量根本不存在，我们也根本不会为它发明一个词。如前所述，一切都会以光速来回运动。现在，假设理论发生了一些变化，粒子运动的速度不再是光速了，它们开始分别以较慢的不同速度移动。那么，你可以说理论中发生的事情就是质量起源的原因。那个"事情"就是希格斯机制，现在是揭示它是什么的时候了。

假定你蒙着眼睛，拿着一根绳，绳端吊着一个乒乓球。猛地拽一下绳子，就会感觉到另一端有一个小质量的物体。进一步假定乒乓球不是自由移动的，而是浸在糖浆里。这种情况下，如果你猛拉绳，会遇到更多阻力，因此可以得到结论：末端的东西比乒乓球重得多。因为乒乓球被糖浆阻碍着，球表现得更重了。现在假定整个宇宙中弥漫着糖浆，糖浆无处不在，以至于我们都不知道它在那里。然而，它却是宇宙的背景，事物在其中生灭。

当然，糖浆的类比仅限于此了。这样的糖浆必须具有选择性，它阻挡夸克和轻子，但允许光子自由穿过。你可以这样进一步推进类比来匹配真实的情况。但是不要忘记，这毕竟只是一个类比。希格斯等人的文章并没有提到什么糖浆。

它们提到的是希格斯场。希格斯场与电子场一样，有一个与之对应的粒子：希格斯粒子。不过也有个很大的区别：即使周围没有希格斯粒子，希格斯场也不会是零，从这个角度看它更像是无处不在的糖浆。所有标准模型的粒子都在希格斯场的背景中移动，其中一些粒子比其他粒子受它的影响更大。主方程的最后两行呈现了这样的物理原理。其中，希格斯场由符号 ϕ 表示，第三行中包括两次与 B 和 W（我们使用了缩写，它们隐藏在主方程第三条线的 D 符号中）同时出现的 ϕ 部分便是产生 W 粒子和 Z 粒子拥有质量的原因。在这个巧妙设计的理论中，光子没有质量（位于 B 和 W 中的光子在第三行抵消，同样，这都隐藏在符号 D 中），而且胶子场（G）始终没有出现，它也没有质量。这与实验完全一致。加入希格斯场让粒子产生了质量，同时没有破坏规范对称性。这是因为，质量是由于粒子与希格斯场相互作用而产生的。这就是整个想法的神奇之处——我们可以得到粒子的质量，而不必付出失去规范对称性的代价。因此，主方程的第四行是希格斯场赋予物质粒子质量的地方。

美中不足的是，还没有实验看到过希格斯粒子。标准模型中的其他粒子都在实验中产生了，只有希格斯粒子是整个拼图中缺失的一角。如果它真的如预言般存在，那么标准模型将再次取得胜利，它成功的列表中会添加一项：对质量起源的解释。就像所有其他粒子相互作用一样，标准模型精确地规定了希格斯粒子在实验中如何呈现自己。它唯一没有告诉我们的是希格斯粒子本身的质量，它只是预测了这种粒子的质量在一个特定范围内：介于 W 粒子和顶夸克的质量之间。如果希格斯粒子的质量处于这个范围较轻的一端，那么 LEP 就能看到它。实际上它没有被 LEP 看到，因此我们认为它的质量处在较重的一端，无法在 LEP 中产生（根据 $E=mc^2$，产生较重的粒子需要更多的能量）。在写作本书的时，位于芝加哥附近的费米国家加速器实验室（费米实验室）的兆电子伏特加速器（Tevatron[i]）正在寻找着希格斯粒子。但是，迄今为止它仍毫无收获。尽管Tevatron 举足轻重，但很有可能，它也没有提供足够的运行能量从而传递出清晰的希格斯信号。LHC 是迄今为止建造的运行能量最大的加速器。它的运行能量远超过标准模型对希格斯粒子设定的上限的能量，因此，它确实应该一劳永逸地解决希格斯粒子存在的问题。也就是说，LHC 要么确认标准模型，要么打破标准模型。我们马上回来，解释为什么我们那么确信 LHC会完成早期对撞机无法完成的任务。回来之前，我们先要解释LHC 是如何制造希格斯粒子的。

　　LHC 建在 LEP 的隧道中，隧道长 27 千米。然而，除了共用一个隧道外，其他一切都不一样。现在，一个全新的加速器占据了曾经 LEP 的空间。它能够在隧道中朝相反的方向加速质子，

---

i　兆电子伏特加速器（Tevatron），它将质子与反质子在一个 6.3 千米的环中加速，使其能量达到 $1\text{TeV}=10^{12}\text{eV}$。

使其能量超过其质能的 7000 倍。以这样的能量粉碎质子，能将粒子物理推进到一个新时代。如果标准模型是正确的，就会有大量的希格斯粒子产生。质子是由夸克组成的，如果我们想弄清楚 LHC 中会发生什么，我们需要搞清楚相关的费曼图。

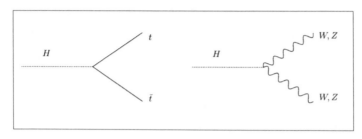

图22

图 22 显示了重要的常规标准模型粒子和希格斯粒子之间的相互作用顶角，它显示了希格斯粒子与最重的夸克，顶夸克（标记为 t）和与它重量相当的 W 粒子或 Z 粒子的相互作用，其中希格斯粒子由虚线表示。负责质量起源的粒子更倾向于与周围质量最大的粒子相互作用。考虑到质子提供的夸克源，下面要做的是确定如何将希格斯顶角嵌入到一个更大的费曼图中。这样我们就能搞清楚如何在 LHC 上制造出希格斯粒子。由于夸克与 W（或 Z）粒子存在相互作用，因此不难确定希格斯粒子是如何通过 W（或 Z）粒子产生。如图 23 所示，碰撞质子（标记为"p"）的一个夸克发出一个 W（或 Z）粒子，这些粒子结合在一起形成希格斯粒子。这一过程被称为弱玻色子聚变，这是 LHC 中的一个关键过程。

顶夸克的产生机制问题有点难解决。因为质子内部不存在顶夸克，所以需要找到一种把（上或下）轻夸克转换到顶夸克的方法。顶夸克通过强力与轻夸克相互作用，也就是说，它们通过发射和吸收胶子来传递相互作用。如图 24 所示，图中的过程与弱玻色子聚变过程非常相似，只是胶子取代了 W 粒子或 Z 粒子。由于这一过程是通过强力进行的，所以它最有可能在 LHC 中产生希格斯粒子。这种方式被称为胶子聚变。

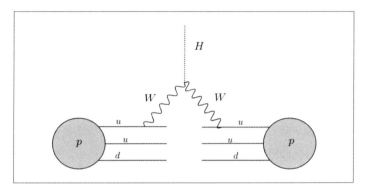

图 23

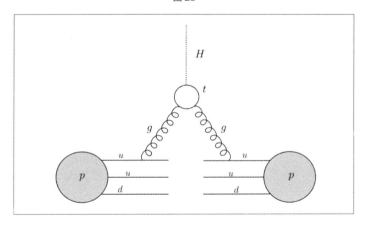

图 24

这就是希格斯机制，它是目前被广泛接受的质量起源理论。如果一切按计划进行的话，LHC 将会证明有关质量起源的标准模型，或者否定它。因此，未来的几年对物理学家来说是激动人心的几年。我们一流的自然科学处在这样一种状况，它拥有可以准确预测实验结果的理论，因此可以根据自然结果判断自身的好坏。但是如果标准模型是错误的呢？难道不能发生一些完全不同的、令人意想不到的事情吗？也许标准模型因缺少希格斯粒子而变得不够完美。这些情况都是可能的。因此，LHC 必然将揭示一些新的东西，这令粒子物理学家无比兴奋。LHC 肯定可以看到新东西，因为在它的运行能量范围内，除去希格斯粒子的标准模型是没有意义的，它的预测也是支离破碎的。LHC 是第一台踏入这个未知领域的离子加速器。更具体一点说，如果我们把希格斯粒子部分剔除于主方程，对于两个 W 粒子以超过质子质能 1000 倍的能量碰撞，我们不能计算出会发生什么，而这样的碰撞正是 LHC 中的碰撞。相反，加上希格斯粒子部分这个问题就可以计算了。但是这不是唯一的选择，还有其他方法可以处理 W 粒子散射的过程。无论大自然选择哪种方式，LHC 测量到的东西必然包含着我们从未遇到过的物理规则，这一点是肯定的。对于科学家来说，在确保能得到有趣的结果的情况下进行试验是极其少见的，这也正是 LHC 多年来最受期待的原因[i]。

---

i 本书第一版出版于 2009 年，当时有关希格斯粒子的实验探测正如火如荼地进行着。实际上 2012 年 7 月 4 日，欧洲核子研究中心粒子物理实验室发现了希格斯玻色子，并且，随后弗朗索瓦·恩格勒特（François Englert）和彼得·W. 希格斯（Peter W. Higgs）也因解释粒子如何获得质量的理论而共同获得 2013 年诺贝尔物理学奖。因此，本章最后作者的问题也有了部分答案。然而，值得注意的是，有关标准模型的实验论证，也出现了偏离理论的结果。

第八章　扭曲时空

目前，我们得到了一个固定不变的时空，它类似于一个四维舞台，是"事物生灭"的场所。我们逐渐认识到了时空的几何特性，可以肯定的是时空几何不是欧几里得几何。我们还看到了时空这一观念如何自然地导出了公式 $E=mc^2$，看到了这个简单的方程和它所代表的物理学如何成为现代自然科学理论和现代工业的基石。现在，让我们问最后一个奇妙的问题，以便抵达故事的结尾。这个问题是：在宇宙中不同的地方，时空是否可能有不同程度的扭曲和弯曲？

对我们来说，弯曲空间的概念已不再陌生。欧氏空间是平直的，闵可夫斯基空间是弯曲的。我们说闵可夫斯基空间是弯曲的，意思是指勾股定理不再适用于它。相反，它的距离方程有一个减号形式。时空 1 中两点间的距离类似于地球仪上两地间的距离。时空中，两点之间的最短距离已不再是通常意义上的直线距离。因此，闵可夫斯基时空和地球表面都是弯曲空间的例子。然而，在闵可夫斯基时空中两点之间的距离总是满足方程 $s^2=(ct)^2-x^2$，也就是说时空在任何地方都具有相同的弯曲方式。地球表面也是如此。既然如此，说一个曲面在不同地方具有不同的曲率有意义吗？如果不同的地方曲率不同，那么时空会是什么样子呢？这又会对时钟、尺子和物理定律带来什么样的影响呢？随地点变化的曲率听起来相当枯燥又神秘。为了探索这种可能性，我们再一次从烧脑的四维时空走出来，去关注球体的表面这个可以想象的二维空间。

光滑球面上的任一点都具有相同的曲率。这是再明显不过的了。但高尔夫球就不是这样，它上面布满了小酒窝。同样，地球也不是完美的球体。观察她的细微之处，我们会看到山谷、丘陵、山脉和海洋。说地球表面两点间的距离处处相同，也仅仅是一种近似。当我们穿越高山和山谷时，为了得到更准确的距离值，我们需要知道旅程起点和终点之间地球表面的起伏变化。时空会像高尔夫球一样有酒窝吗？会像地球一样有山峰和山谷吗？会在不同的地方产生不同的"扭曲"吗？

起初，在推导时空距离方程时，似乎我们不能将它在不同的地方变来变去。我们认为距离方程的精确形式是因果关系所限定的。但与此同时，我们还做了一个很宽泛的假设，我们假设时空在任何地方都是一样的。的确，这个假设很有效，它在很多情况下被实验检验，它又是通往 $E=mc^2$ 的关键。然而，也许我们忽略了什么。也许时空并不是处处相同的，这会导致可观测的结果吗？答案是肯定的。现在，让我们跟随爱因斯坦，完成最后一个旅程，抵达另一个宏伟目标：广义相对论。爱因斯坦曾为此苦战了数十个年头。

爱因斯坦的狭义相对论之旅程起始于一个简单的问题：若光的速度对所有观测者都一样，这意味着什么？后来，引诱他踏上广义相对论艰难征程的事实同样简单。他为之深深着迷，甚至无法睡眠，直到搞清楚其中的深意。这一事实是：在下落过程中，所有物体的加速度都相同。没错，就是这个简单事实让爱因

162

斯坦兴奋不已。也只有爱因斯坦这样的人才能意识到这样看起来稀疏平常的事，却具有深远的意义。

这是物理学中的一个著名论断，实际上，早在爱因斯坦之前它就已经被人们熟知。伽利略是第一个认识到它的人。传说他爬上比萨斜塔，把两个不同质量的小球从塔顶扔下，观察到了物体同时落地的事实。他是否真的做了这个实验并不重要，重要的是取得的结论。我们很清楚后来确实有人做了这个实验。1971年，"阿波罗15号"的指挥官大卫·斯科特最终在月球上，而不是站在比萨斜塔上，丢下一根羽毛和一把锤子，结果两者同时落地。这个实验相当震撼，但只能在月球表面的高真空环境中进行，因为地球上会有风吹动羽毛并减慢它的速度。当然，没必要大费周折跑去月球验证伽利略的结论。通过视频观看"阿波罗15号"的实验演示，丝毫不减少它的真实性。重要的事实是，如果可以消除空气阻力等复杂因素，所有物体都将以相同的速度下落。为什么呢？为什么它们会以同样的速度下落？为什么我们认为它是一件大事？

假如你站在静止的电梯里，双脚踩着地板，肩膀负担着脑袋的重量，胃在体内舒舒服服。倘若不幸发生了，线缆断裂，电梯正急速坠落。由于电梯里所有东西都以同样的速度下落，你的脚不再踩压地板，脑袋不再是肩膀的负担，胃也会在身体里变得轻飘飘。一句话，你失重了。对你来说问题可不小，好像有人关闭了重力，以至于你体会到了在外太空自由翱翔的宇航员的感受。更准确地讲，当电梯下落时，处在电梯内部的你是无法通过实验来判断自己是向地面跌落还是在太空中翱翔。当然，你很容易知道答案，因为当你走进电梯后，楼层显示器正向"地面"飞奔而去，但这不是我们关注的问题。问题的关键是物理定律在两种情况下是相同的。这是爱因斯坦深受影响的观点。自由落体的普遍性被称为等价原理。

一般说来，万有引力随位置的变化而变化，离地面越近它就越强，尽管引力在海平面和珠穆朗玛峰的顶部没有太大的差异。但它在月球上就弱得多了，因为月球的质量远小于地球的质量。同样，太阳的引力比地球的强得多。但是，无论你在太阳系的什么地方，身边的引力不会有明显的变化。例如，在地面上，你脚上的引力会比头顶的引力稍微强一点，但差别非常小。个子矮的人引力差别小，个子高的人差别就大些。对于一只小蚂蚁，它脚上的引力与头上的引力差会更小。我们再次使用思想实验，想象着逐步缩小物体，得到一个小小的"电梯"，小到我们可以假定电梯里面引力是均匀的。然后，想象同样缩小的物理学家住在电梯里，进行科学实验。倘若想象小电梯是自由落体运动的，那么没有一个物理学家会说出"引力"这个词。对于这群缩小版的自由落体物理学家，用他们的眼睛来看世界，引力就根本不存在。这是一个惊人的视角。他们中的任何一个人都不会叽叽喳喳地说出"引力"这个词，电梯里没有任何引力的迹象。但是，等一下！很明显有什么东西使地球绕着太阳运行。所以，我们是在耍些花招呢，还是在做重要的事情呢？

让我们暂时离开引力和时空，拿地球曲面来做个类比。从曼彻斯特飞往纽约的飞行员，必须认识到地球表面是弯曲的。相比之下，当我们在餐厅和厨房间来回走动时，可以完全忽略地球的曲率，并假定地面是平的。换句话说，地面几何是（非常接近）欧几里得几何。这是为什么我们人类花了好长一段时间才发现地球不是平面的而是球形的，地球的曲率半径比我们习惯的日常尺度大得多。如图25所示，将地球表面分割成一个个小正方形。每一小块都近乎平直，并且小块越小，就越平直。在这些小方块上占主导作用的是欧几里得几何：两条平行线永不相交，勾股定理有效。只有当我们将这些欧几里得小方块覆盖在地球表面时，表面的曲率才会显现出来。我们必须将小块缝合在一起，才能构造一个逼真球面。

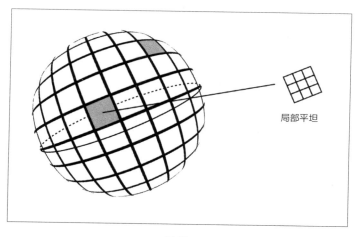

图 25

现在我们回到做自由落体的小小电梯上来，想象一下，它和许多小电梯一起散布在时空中，时空中每一点都有这样一个小家伙。我们把每个电梯里的时空近似为均匀的，电梯越小，近似度就越高。接着，回想下，在第四章中，我们小心翼翼地指出了一个假设，即时空应该"不随时间和位置发生变化"，这一假设在构建闵可夫斯基时空距离公式时起到关键的作用。因为每个小电梯内的时空也"不随时间和位置发生变化"，所以我们可以在每个小电梯内使用闵可夫斯基的距离公式。

球形的类比有望开始发挥作用了。"地球表面的平直小块"对应着"时空中坠落的电梯"，"地球的弯曲表面"对应着"弯曲的时空"。事实上，物理学家经常把闵可夫斯基时空称作"平直时空"，因此，在这个类比中，闵可夫斯基时空扮演着欧几里得空间的角色。本书保留了"平直"一词在欧几里得几何学中的用法，而在闵可夫斯基空间中，减号版本的勾股定理促使我们使用"弯曲"一词。你看，有时语言的使用并不像我们希望的那么简单！基于以上类比，由小电梯组装成的时空就跟由小方块组装的弯曲球面一样了。尽管我们抛弃了每个小电梯里的引力，然而这些闵可夫斯基小块被缝合在了一起，形成一个弯曲的时空，这个过程就像我们用欧几里得小块构建地球曲面一样。假如没有万有引力，情况就变得简单了，此时我们可以仅用一个装着闵可夫斯基几何的大电梯来表示时空。总之，我们刚刚学到的是，如果周围存在引力，我们可以通过引入时空弯曲的代价把引力消解掉。多么了不起的结论。

反过来说，我们发现引力只不过是一个信号，它告诉我们时空是扭曲的。这是真的吗？是什么导致了时空扭曲？根据引力是在物质附近发现的事实，我们可以得出结论：物质附近的时空是扭曲的，由于$E=mc^2$，也可以说能量附近的时空是扭曲的。到目前为止，我们还没谈论过扭曲多少的问题。对此，我们不打算说太多，因为用物理学家行话来说，它是非平凡的（nontrivial）。爱因斯坦在 1915 年写下一个方程式，来精确量化物质和能量附近时空扭曲的多少。他的方程改进了牛顿的古老万有引力定律，从而自动符合了狭义相对论的要求（牛顿定律并非如此）。当然，对于日常生活场景，它给出的结果与牛顿理论非常相似，事实上，它把牛顿理论看作自己的一个近似理论。为了说明爱因斯坦和牛顿对万有引力的不同思考方式，让我们看看他们是如何分别描述地球绕太阳运行的。牛顿会这样说："地球被朝太阳方向的引力拽着绕一个大圆圈运动，这种引力防止它飞入太空。"[i] 这类似于用绳子在头顶旋转一个小球。因为绳子的张力限制，球将沿着一个圆轨迹运动。如果剪断绳子，球将径直飞离。同样，如果太阳引力突然被关掉，根据牛顿的观点，地球也会沿着直线向太空冲去。爱因斯坦的观点却完全不同，他是这样说的："太阳作为一个巨大的物体扭曲了周围的时空，地球在时空中无拘束地运动，但扭曲的时空使得地球绕着圈子转动。"

一个显而易见的力有可能仅仅是几何结构导致的。为了明白这一点，我们可以考虑两个朋友在地球表面行走的场景。他们恪守规则，从赤道开始，沿着直线，彼此平行地向北走去。一段时间后，他们发现彼此越来越近了，倘若继续前行，时间足够的话，还会在北极撞上彼此。既然双方都没有作弊，也没有偏离轨道，那么他们可能会得出结论：当向北走的时候，有一股力量把彼此拉到一起。这是一种解释，当然还有另外一种：地球表面是弯曲的。对于地球绕太阳运动，同样可以这样分析。

为了更好地说明这一点，让我们再次拜访刚才那个地面上无畏的步行者。和刚才一样，他只允许走直线。他严格遵循这个指令，毫无迟疑。因为，对地球上的任何一点来说，欧几里得几何学都是精确的，直线的概念对他很清晰。即便如此，他最终行走的路径，还是一条圆形轨迹，这个圆形是由许多小直线组成的。现在，让我们回到引力和时空的情形。弯曲时空中的直线完全类似于地球表面的直线。比较复杂的是时空是一个四维的"表面"，而地球表面只有两个维度。但这种复杂性更多的是由我们

---

i　实际上，它在一个椭圆轨道上运动，一个稍微压扁的圆，但是它非常接近圆。（原书注）

有限的想象力造成的，却不是数学变复杂了。事实上，球面几何的数学并不比时空几何的数学难多少。有了时空直线（又叫测地线）的概念，我们就可以大胆地提出万有引力的机制了。如前所述，万有引力可以被废除，取而代之的是扭曲的时空，而扭曲时空的局部是闵可夫斯基的"平直"时空。在这样的时空环境中，我们非常清楚物体是如何运动的。例如，如果一个粒子处于静止状态，它将保持静止（除非有什么东西出现并给它一个推力或拉力）。这意味着物体只沿着时间轴方向的时空轨迹运动。同样，以恒定速度运动的物体将始终保持这个速度的方向和大小（除非有什么东西把它们撞到另一边）。在这种情况下，它在时空图上将沿着偏离时间轴的直线运动。因此，在每一小块时空中，一切都应该沿着直线运动，除非受到某种外部影响。而当把所有小块缝合在一起，引力的全貌就显现出来了；因为通过缝合，各条小直线连接在了一起，形成了有趣的形状，如行星围绕太阳的轨道。我们还没有讲这些小块是如何连接起来构建扭曲时空的，正是 1915 年爱因斯坦的方程告诉了我们如何做。问题的要旨很简单，驱逐引力，引入几何。

万有引力是时空几何的一种特性。在时空中所有物体均沿直线运动，除非被撞离原来的轨道。然而，就像地球表面（或者任何其他表面）通有无限数量的直线一样，时空中的一点也存在有限数量的测地线。那么，我们该如何确定物体将沿哪条时空轨迹运动呢？答案很简单：视情形而定。例如，在地球上，人可以向任何方向出发开始长途跋涉，这由他的选择决定。同样，从静止开始掉落到地球上的物体会从一条测地线开始运动，而被抛出的物体会从另外一条测地线开始运动。因此，通过指定物体在时空中某一特定点的运动方向，便可确定它的整个轨迹。此外，朝向特定方向运动的所有物体都遵循相同的轨迹，不管它们本身性质（如质量或电荷）如何。它们只沿一条直线运动，这就是全部。这样，弯曲时空的引力理论完美地表达了让爱因斯坦着迷的等价原理。

这种对时间和空间本性的思考让我们明白，地球只不过是在绕着太阳直线下落。但是这条直线是弯曲时空中的直线，它在空间中表现为一条（几乎完美的）环形轨道。我们不打算继续去证明太阳对时空的扭曲促使地球沿着一条测地线下落，证明它在三维空间的投影是一个（几乎完美的）圆形轨道。原因是这涉及太多的数学。并且我们还不得不去讲述物体是如何扭曲时空的，实际上，我们一直在回避这个问题。爱因斯坦花费了十年时间发展这一理论的主要原因也是数学，这里涉及的数学太复杂。广义相对论的概念相当简单，但数学却很难。当然，困难绝对掩盖不住它的优美。许多物理学家认为爱因斯坦相对论是最美的自然科学理论。

你可能已经发现了，在上面的讨论中，我们并不是针对某一类物体。因此，我们强调光也沿着测地线穿越时空。在每一个时空小块中，光都沿着 45°线方向传播，这一点我们在第四章中做了介绍。但是，将所有的小块缝合在一起后，光的路径在空间中就是一条弯曲的轨迹。弯曲轨迹呈现出时空被质量和能量扭曲的方式。拿绕太阳运动的地球来说，它的轨迹是四维时空测地线在太空中的影子。等效原理的威力和光线的弯曲可以用另一个思想实验来说明。

假如你在地面上朝水平方向发射一束激光，会发生什么呢？等效原理可以给出答案。答案是，光和物体一样，它们朝向地面运动的速度是相同的，但前提是这个物体在激光发射时由静止释放的。如果伽利略拥有一个激光器，并且他在倾斜的比萨斜塔发射炮弹的同时发射了一束激光，那么爱因斯坦会预言激光光束和炮弹同时落地。但这个实验有一个实际问题：地球表面朝向远处快速弯曲。因此，激光并不会击中地面，反而会逃离地球。相反，假如大地是平的，就不存在这个问题，我们就能看到激光光束和炮弹同时击中地面，只不过激光落地点要远很多。事实上，若炮弹落到地面上用了一秒钟，那么激光会在距离斜塔 1 光秒的地方击中地面。可以算出，激光落地点离斜塔有 186000 多英里远。

用不着怀疑，将引力视为时空几何的特性是令人满意的。因为它得出了相当惊人的结论。但是，本书一直强调，这些预测需要通过实验来验证，否则理论最终还是毫无用处。爱因斯坦是幸运的，他只等了四年就见证了自己异乎寻常理论的实验验证。

1919 年，阿瑟·艾丁顿（Arthur Eddington）、弗兰克·戴森（Frank Dyson）和查尔斯·戴维森（Charles Davidson）写了一篇论文，论文的题目是"通过 1919 年 5 月 29 日日全食的观测，确定太阳引力场对光的偏折"，这是爱因斯坦理论的第一次重大检验。这篇文章发表在《伦敦皇家学会哲学汇刊》(*Philosophical Transactions of the Royal Society of London*) 上，其中一句话堪称不朽，这句话是："两组数据均指向爱因斯坦广义相对论给出的 1.75 角秒[i] 的光线偏折。"因此，爱因斯坦一夜成名，享誉全球。这一深奥理论的证实与艾丁顿、戴森和戴维森的巨大努力是分不开的。为了观看日食，他们远航到巴西的索布拉尔和非洲西海岸普林西比进行观测。日食使他们能够看到隐藏在太阳周边的恒星，这些恒星在通常情况下被太阳的光线遮蔽。这些恒星发出的光很合适用来检验爱因斯坦的理

---

i　1 角秒是 1 度的三千六百分之一。

论，因为离太阳越近，空间曲率越大，光偏折的就越多。实际测量中，艾丁顿、戴森和戴维森观察了在太阳经过时星星在太空中位置的变化。通俗地讲，太阳引起的弯曲时空，就像一个镜头，扭曲了天空中星星的图案。

今天，爱因斯坦的理论已被精确检验，检验采用的是一些引人注目的宇宙星体：脉冲星和旋转中子星。在第六章中我们遇到过这两种星体，它们在宇宙中广泛分布。在地球上，能用望远镜精确研究的星体中，旋转中子星有独特之处。它们有巨大的时空扭曲和精确的时间节拍，其时间节拍的稳定性甚至好于最好的原子钟。如果你想寻找一个星体，能为广义相对论的检测提供完美场地，脉冲星再好不过了。脉冲星自转时，会发射无线电波并把时间节拍传递出来。就像一个灯塔，发出一束狭窄光束，每秒左右扫一次。这些有用的星体是由乔斯琳·贝尔·伯内尔（Jocelyn Bell Burnell）和托尼·休伊什（Tony Hewish）在 1967 年偶然发现的。如果想知道怎么与一颗旋转中子星相遇，就要读下贝尔·伯内尔的故事了。当时她正在观察无限电波强度的变化，这些无线电波由遥远的类星体发出。人们相信，无线电波强度的涨落是由星际空间的太阳风引起的。然而，作为一名优秀的科学家，她总会在数据中寻找有趣的东西。11 月的一个晚上，她检测到一个有规律的信号，起初，她和导师休伊什认为这是人为的干扰信号，这很自然。但随后的观测使他们确信，情况并非如此，无线电信号源必须在地球之外。"那晚，我气哄哄地回了家，"后来贝尔·伯内尔谈到她的观测时说道，"当时我正以一项新技术申请博士学位，一群愚蠢的小绿人却钻了出来，占用了我的天线和频率，与我们展开了交流。"

虽然脉冲星在宇宙中非常常见，但已知的脉冲双星却只有一个，它们在空中相互环绕在一起。2004 年，射电天文学家观察到了这颗脉冲双星，对其进一步的观察检验了爱因斯坦的理论，这是迄今为止对该理论最精确的检验。

脉冲双星非同凡响。已探明它们是由两颗相距约 100 万千米的中子星组成的。这是个激烈的系统。该系统包含两颗恒星，每一颗都拥有与太阳相当的质量，却被压缩到一个城市的大小，它们每秒旋转数百次，之间的距离却仅为地月距离的三倍。对爱因斯坦理论的检验人员来说，脉冲双星的好处是，其中一个脉冲星发出的无线电波有时会非常接近另一个脉冲星。这意味着超规则的射电束通过了一个严重弯曲的时空区域，这引起了该射电束的传输延迟。因此，通过仔细测量这种传输延迟，就可以证明爱因斯坦的理论。

脉冲双星还有一个优点。它们缠绕着运动，在空间中泛起涟漪，并向外传播出去。涟漪带走了双星的能量，致使它们旋转着慢慢收缩。这些涟漪被称为引力波，爱因斯坦的理论预测了它们的存在（牛顿的理论却不能）。在一次伟大的科学实验中，天文学家同时利用澳大利亚的直径 64 米帕克斯望远镜、英国焦吉班克的直径 76 米洛弗尔望远镜和美国西弗吉尼亚的直径 100 米格林班克望远镜测量了脉冲双星每天旋转收缩互相靠近的距离，结果仅有 7 毫米，这与广义相对论的预测是一致的。这一成就令人惊叹。这两颗中子星距离地球 2000 光年，它们相距 100 万千米，它们旋转着，又绕着彼此环绕。然而，它们的行为被精准地预测到了，精度在毫米量级。预测使用的理论是 1915 年提出的。那个提出这个理论的人想要理解三个世纪前比萨斜塔上的两块石块为什么同时掉在了地上。

脉冲双星的测量太巧妙，也太深奥，但在地球上我们就可以亲身体验到广义相对论，它从普通的现象中显现出来。世界各地，全球卫星定位系统（GPS）无处不在，精确的爱因斯坦理论是其成功运行的关键。在 2 万千米的高空，由 24 颗卫星组成一个强大的网络，环绕着地球运行，每天每颗卫星都会执行两个完整的电路过程。这些卫星采用精确的机载时钟由"三角定位法"给地球上的物体进行定位。在高海拔轨道上，它们的时钟处在一个较弱的引力场中，因此，与地球上同样的时钟相比，星载时钟所处时空的扭曲程度不同。结果是，星载时钟每天快 45 微秒。除了重力效应外，卫星飞来飞去的速度也非常快（大约 1.4 万千米每小时），根据狭义相对论原理，时间膨胀将使时钟每天慢走 7 微妙。综合这两种效应的效果，时钟每天快走 38 微秒。这点时间并不算多。但忽略它，在几个小时内 GPS 系统就会瘫痪。光在 1 纳秒内，也就是十亿分之一秒内，传播大约 30 厘米。每天 38 微秒相当于每天超过 10 千米的位置偏差，这不利于精确导航。解决方法很简单：把卫星时钟每天调慢 38 微秒，这样导航系统的精度可以从千米提升到米的量级。

　　GPS 星载时钟比地面时钟走得快。利用本章的知识很容易理解这一点。事实上，时钟变快是等效原理的直接结果。接下来，我们回到 1959 年，去哈佛大学的实验室了解它产生的原因。罗伯特·庞德（Robert Pound）和格伦·雷布卡（Glen Rebka）设计了一个实验，他们将光从实验室顶部 22.5 米处"投"到地面。如果光也遵循等效原理，那么它落下时，能量增加的百分比应该与任何其他物体能量增加的百分比完全相同[i]。下

---

i　如果你知道势能等于 mgh，那么你就能很容易算出这个增加的分数等于 gh/c^2，其中 g 是重力加速度，h 是下落的高度。

面，我们需要知道光获得能量后会发生什么，也就是说庞德和雷布卡在实验室的底部能看到什么。我们知道光不能加速，它运动的速度已经达到宇宙上限速度，因此，光增加能量的方式只有一种，就是增加自己的频率。请记住，光可以被看作是一种波，有一连串的波峰和波谷。波就像向平静的池塘中扔一块石头后，向外散去的水波一样。波的频率是指每秒经过某个特定点波峰（或波谷）的数量。这些波峰和波谷可以被当作时间的节拍。

在庞德—雷布卡特殊的实验中，庞德在塔顶坐在光源一旁，他能数出自己心跳一次光通过的波峰数量。同样，雷布卡在地下室，坐在相同的光源旁也能数出一次心跳通过的波峰数。因为光钟相同，心脏也类似，他应该得到与同事相同的答案。好吧，必须承认只有当他们的心脏完全一致时，得到的波峰的数量才会相等。现实中这是不可能的，但是为了讨论问题方便，我们假定他们确实有两颗心跳一致的心脏。接着，当光从庞德的光源发出并抵达地下时，让我们看看坐在那里的雷布卡会看到什么。这个过程光获得了能量，频率增加了，因此相对于身边的同样的光钟光源，雷布卡发现这束下落的光的频率更高。又因为下落的光与他伙伴的心跳是同步的，所以对雷布卡来说，庞德的心跳变快了，衰老也加快了。这种影响相当小，每 1300 万年才增加 1 秒。庞德和雷布卡成功地设计出了一个能检测出这种效应的实验，证明了他们想法的独创性。这种时间的加速效应正在 GPS 星载时钟中发生着。相对于哈佛实验室的 22.5 米高度，卫星的海拔要比它高很多，但基本思想是一样的：引力场越弱，时钟行走得越快。

爱因斯坦的广义相对论得到了实验的完美证实。因为这个理论，我们不再把时空看作一个永远不变的时间和空间混合体。时空是一个整体，变动着，扭曲着，被物质改变，也就是被能量改变，因为质量和能量是可以互换的，根据 $E=mc^2$ 来互换。反过来，时空的动态结构控制着物质穿越时空的轨迹。空间再也不是事物发生的牢固舞台了，也不再有一个永恒的大钟在空中敲击着绝对的时间之声。旧的时空被连根拔起，彻底修正。这给我们上了深刻的一课，我们最好不要在经验之外分析经验。为什么快速运动的事物非要和日常缓慢运动的事物一样去遵循同样的规律呢？我们又有什么权利通过轻小物体的研究去推断巨型物体的行为呢？

爱因斯坦向我们说明，日常经验极具误导性，事物更深层次的理解才优美无比。爱因斯坦把质量和能量、空间和时间以及万有引力等不同的概念结合在一起，他的狭义相对论和广义相对论树立起两座伟大的思想高峰。将来，新的观察和实验将会带来新的理解，给我们这里讲的理论带来修正。事实上，许多物理学家寻求着更精确和更广泛的理论，他们已经预见到了事物新的秩序。不要超出实验证据下结论，这个让我们谦虚的教训不仅仅适用于相对论。量子理论是 20 世纪物理学的另一个重大飞跃，它支配着原子尺度和更小尺度上事物的行为。没有人能够仅凭日常经验，弄清楚大自然是如何在小尺度上运作的。对于那些只能看到"大事"的人来说，量子理论是荒谬的、反直觉的。但在 21 世纪，它支撑着现代生活的许多方面，从医学成像到新型计算。因此，我们必须撇开感受，接受量子理论。

今天，物理学家进退两难。爱因斯坦广义相对论是最好的引力理论，但它与量子理论水火不容，它们中的一个或者两个都必须做出修改。难道时空在微小尺度"破裂"了吗？也许它根本就不存在，只是一种幻觉，是对"事物涌现"其中的背景的幻影。自然的基本物质是不是被称为弦的微小能量振动？或者需要某个尚未被证实的理论给出解答？这是基础物理学的前沿，那些追逐前沿，探索未知的人，既兴奋又备受启发。

这本关于爱因斯坦相对论的书接近尾声了，本书无意增添人们对这位伟人的崇拜，这是非常不幸的。这种崇拜会阻碍未来科学的发展。因为它给人的印象是，科学只是超人的特权，他们拥有我们其他人无法获取的独特见解。没有什么比这更离谱了。相对论不是一个人的作品，尽管某些相关的书读起来如此。毫无疑问，爱因斯坦是科学艺术的伟大践行者。但本书也一再强调，他对时间和空间概念的颠覆深受他人的影响，他们不但激发了他的好奇心，而且给他提供了技艺。他不是一个怪人，也不具有超自然的能力，他只是一位伟大的科学家，履行了科学家的任务：认真对待事物，理性追寻结论。他的天才创举在于认真看待了麦克斯韦方程所蕴含的光速不变性，以及伽利略率先提出的等效原理。

我们希望完成一本书，让不是科学家的人们也能领略爱因斯坦的优美理论。本书是在业余爱好者的理解范围之内的，科学其实没那么难。只要起点正确，小心翼翼地前进，对自然的理解就会一小步一小步地深入下去。毕竟，谦逊地求索是科学的核心，也是科学成功的关键。爱因斯坦的理论之所以被尊重是因为它们是正确的，但它们绝不是不容置疑的学术巨著。简单来说，这些理论会坚持到有更好的出现，替代它们。同样，再伟大的科学头脑也不应被奉为先知，相反，他们是为我们理解大自然做出辛勤贡献的人。当然，有些人的名字家喻户晓，但他们的理论仍免不了要经受实验的严格检验。自然可不关心什么名誉。伽利略、牛顿、法拉第、麦克斯韦、爱因斯坦、狄拉克、费曼、格拉肖夫、萨拉姆、温伯格……这些人都很伟大。但前四个人的理论已被证明只是近似正确，其余人的理论在 21 世纪可能遭遇同样的命运。

话虽如此，但我们毫不怀疑，爱因斯坦的狭义相对论和广义相对论展示了非凡的想象力，它们将永远被视为人类智慧的两座高峰。凭靠灵感，在纯粹思想中添加些实验数据，爱因斯坦改变了我们对宇宙的理解。无论从美学角度还是从哲学角度，他的物理学都令人赏心悦目。这些理论还给我们上了非常实用的一课，意义非凡。然而，它们真正的意义却很少被全部领会。科学最好由具有探索精神的头脑来推动，他们遵循着思维的规律和技巧，巧思妙想，自由驰骋。如果爱因斯坦生活的时代仅仅关注新能源的开发和公民的需求，那么很难出现开明的政治家将公共资金用于探索时间和空间的本质。然而，历史表明，正是这条通往 $E=mc^2$ 的道路，打开了人类利用核能的大门。通过光速不变这个最简单的观点，我们发现了一箱宝藏。"通过最简单的观点……"——如果要为人类最伟大的科学成就作序，最好以这几个字开头。去观察和思考自然，并享受其中，那些看似微不足道的细枝末节就能一次次地把我们引向伟大的结论。去张开眼睛，敞开心灵，我们便走在奇迹之中，身边展现着无限可能。只要人类还存在，阿尔伯特·爱因斯坦就会被铭记，作为启迪者，作为榜样，激励着那些渴望理解周围世界的人，那些好奇的心灵。

（全文完）

人人能懂的相对论

产品经理｜陈悦桐　　　　装帧设计｜小　雨
责任印制｜刘　淼　　　　技术编辑｜白咏明
监　　制｜李佳婕　　　　出 品 人｜许文婷

图书在版编目（CIP）数据

人人能懂的相对论 / (英) 布莱恩·考克斯, (英)
杰夫·福修著；李德力译. -- 上海：上海科学技术文
献出版社, 2022

ISBN 978-7-5439-8516-2

Ⅰ. ①人… Ⅱ. ①布… ②杰… ③李… Ⅲ. ①相对论
- 普及读物 Ⅳ. ①O412.1-49

中国版本图书馆CIP数据核字(2022)第022540号

图字：09-2021-0618

责任编辑：苏密娅

人人能懂的相对论
RENREN NENG DONG DE XIANGDUILUN
(英) 布莱恩·考克斯 (英) 杰夫·福修 著 李德力 译
出版发行：上海科学技术文献出版社
地　　址：上海市长乐路746号
邮政编码：200040
经　　销：全国新华书店
印　　刷：北京盛通印刷股份有限公司
开　　本：880mm×1230mm　1/32
印　　张：6
字　　数：134千字
版　　次：2022年4月第1版　2022年4月第1次印刷
书　　号：ISBN 978-7-5439-8516-2
定　　价：39.80元
http://www.sstlp.com